高等教育电气电子类系列教材
上海理工大学一流本科教材

电子实习教程

董祥美　李铁栓　高秀敏　编

内容提要

本教材是电子技术实践类教材，内容从实际工程流程出发，包含安全用电、常用工具物品、焊接训练等基础知识，芯片数据手册分析方法，仿真与印刷电路板设计，电源类、信号源类、放大器类、高频无线电类、数据采集与处理类5个实训项目，以及电子测试及报告撰写，旨在培养学生理论联系实际、分析问题和解决问题的能力，以及提高其独立思考和团队协作的能力。

本教程兼顾基础性、综合性和应用性，可作为普通高等学校理工科专业开设的"电子实习"和"课程设计"等实践与设计类课程的教材，也可作为各级电子类科创竞赛的参考用书。

图书在版编目(CIP)数据

电子实习教程 / 董祥美，李铁栓，高秀敏编.
上海 : 上海交通大学出版社，2025.2. -- ISBN 978-7-313-
32043-8

Ⅰ. TN01-45

中国国家版本馆CIP数据核字第2025T3C476号

电子实习教程

DIANZI SHIXI JIAOCHENG

编　　者：董祥美　李铁栓　高秀敏
出版发行：上海交通大学出版社　　地　　址：上海市番禺路951号
邮政编码：200030　　电　　话：021-64071208
印　　制：常熟市文化印刷有限公司　　经　　销：全国新华书店
开　　本：787 mm×1092 mm　1/16　　印　　张：7.75
字　　数：156千字
版　　次：2025年2月第1版　　印　　次：2025年2月第1次印刷
书　　号：ISBN 978-7-313-32043-8
定　　价：36.00元

前 言

随着现代科学技术的飞速发展，电子科学领域的新技术层出不穷，并与其他科学领域相互促进，应用越来越广泛。为了促进电子技术的进步，并为社会培养更多的电子类应用型人才，我们结合高等院校各项教学改革和教学实践中的不断探索，以及学校组织参加的各级电子类科创比赛的经验，编写了《电子实习教程》这本教材。

本教材的特点是基础性、综合性和应用性相结合。其内容包含"电路""模拟电子技术""数字电子技术""电力电子技术"等课程的基础知识，既有独立性，又能与其他课程相互融合。学生可通过本教材了解相关知识并掌握电子类产品制作的全过程。

本教材内容从实际工程流程出发，首先让学生了解安全用电的常识；再通过讲解电子元件的基础知识、测试设备的使用、电子产品设计、电路图绘制、焊接与调试等，让学生掌握电子电路设计的基本技能；之后的实训内容安排了5个案例项目，学生在分组完成设计及计算、仿真、焊接、调试及修改、测试之后，老师再进行系统测试；最后完成实习报告。

本教材项目的配置灵活，不依托于特定的设备和器材，着重培养学生的自学能力、分析能力、动手实践能力和创新应用能力。例如项目C中电子电路的信号输入级可以是函数信号发生器，也可以是项目B中的函数信号发生器电路，还可以用项目E中的单片机产生输入信号。输出观察侧可以使用示波器，也可以使用项目E中的单片机采集输出信号，通过串口在电脑上显示数据或者波形。还有各项目的直流电源可以通过项目 A 中的电源电路实现，也可以使用稳压直流电源进行供电。培养方式从知识灌输型转到能力培养上来。

本教材可作为“电子实习”“课程设计”等实践与设计类课程教材，也可作为各级电子类科创竞赛的参考用书，以期帮助学生打好日后学习专业课程的基础，激发学生学习电子电路的兴趣。

由于编者时间及水平有限，书中不足之处在所难免，恳请读者给予批评指正。联系邮箱为 litieshuan333@126.com

编　者

2024 年 2 月

目　录

第1章 基础知识

电子实习课程是电子信息类、电气工程类、自动化类等专业本科教学计划中非常重要的实践环节。它以电子设计和实践为主，内容包含操作安全知识，常用工具仪器及元器件的认知和使用等基础知识，查询和阅读数据手册，电路仿真图、原理图绘制，以及制板、焊接、调试、测试等一系列与电子工艺制作流程有关的知识点。本章将介绍与电子实习相关的基础知识，为学生进一步学习后面的实际操作打下基础，引导其理论联系实际，培养其学以致用的工程观念。

1.1 安全用电

安全用电是每个人都应该关注的重要问题。在学习、工作和日常生活中，电力已经成为必不可少的能源，但是如果不正确使用或管理，可能会造成严重的危险和损失。因此，了解安全用电常识和遵守安全用电规则是非常必要的，尤其从事电工电子类行业的人员，更要懂得安全用电。

安全用电是指遵守电气安全规范和操作规程，合理使用电气设备，确保电气设备正常运行，避免电气事故发生。

1.1.1 安全用电常识

1) 安全电压

根据我国国家标准 GB/T 3805—2008《特低电压(ELV)限值》中对特低电压的定义和 GB/T 18379—2001《建筑物电气装置的电压区段》中对Ⅰ区段电压等级限值的定义，安全电压分为限值和额定值，限值是交流 50 V(直流情况请自行查阅标准)，在小于限值的前提下，不同场合下分为 48 V、42 V、36 V、24 V、12 V、6 V 等多个额定电压。例如对照明电源的规定：在隧道、人防工程，以及有高温、导电灰尘或灯具离地面高度低于 2.4 cm 等场所的照明电源电压应不大于 36 V；在潮湿和易触及带电体场所的照明电源电压不得大于 24 V；在特别潮湿的场所，导电良好的地面、锅炉或金属容器内工作的照明电源电压不得大于 12 V。

安全电压设置限值和额定值适用于建筑和设备供电，是防电击的措施之一，但不能盲目地认为使用了安全电压就不会发生人体触电事故，导致人电击事故的根本原因是通过人体的电流达到或超过触电电流。

2）人体电阻

通过人体的电流取决于触电时的电压和人体电阻。影响人体电阻的因素有很多，并因人而异，一般人的表皮角质层电阻为 1～10 000 Ω，但角质层极易受到破坏，皮肤潮湿多汗也会降低人体电阻，触电时间越长，发热出汗越多，人体电阻越小。除角质层电阻外，人体电阻一般为 800～1 000 Ω。

3）安全电流

安全电流与流过人体电流的大小、持续时间，以及电流经过的途径有很大关系。根据科学实验和事故分析得出了不同电流大小对人体危害的特征，确定频率为 50～60 Hz 的交流电 10 mA 和直流电 50 mA 为人体安全电流。人体通过的电流小于安全电流是安全的。

触电对人体的伤害程度主要表现为触电电流的大小。人体对流经肌体的电流所产生的感觉会随着电流的大小而不同，伤害程度也不同。当人体流过交流 1 mA 或直流 5 mA 电流时，就会有麻、刺、痛的感觉。当人体流过交流 20～50 mA 或直流 80 mA 电流时，就会产生麻痹、痉挛、刺痛等感觉，血压升高，呼吸困难。这时如果人体不能摆脱电源，就有生命危险。当人体流过 100 mA 以上电流时，就会呼吸困难、心脏停搏。一般来说，10 mA 以下交流电流和 50 mA 以下直流电流流过人体时，人能摆脱电源，故危险性不太大。

4）绝缘电阻

绝缘电阻一般大于 5 MΩ。一般高压线要采用特殊的耐高压绝缘皮，而大电流电线电缆对导线的粗细（截面积）有特殊要求。

5）触电方式

触电方式一般有单相触电、两相触电和跨步电压触电。单相触电是人体接触一根火线所造成的触电事故，最为常见。两相触电是人体同时接触两根火线所造成的触电事故。当人体同时接触两根火线时，电流流经 B 相火线→人体→C 相火线→中性点构成闭合回路。这时 380 V 线电压直接作用于人体，触电电流达 300 mA 以上，这种触电最危险。跨步电压触电是三相线偶有一相断落在地面时，电流通过落地点流入大地，此落地点周围形成一个强电场。距落地点越近，电压越高，影响范围为 10 m 左右。当人进入此范围，两脚踩在不同电位上时，就形成跨步电压。跨步电压在人体中产生电流就会使人触电。因此，高压线有一相触地尤其危险。在潮湿地面，低压线断线触地形成的跨步电压在 10 V 以上，对人体也会造成伤害，时间长了就会有生命危险。

1.1.2　安全操作要求

在电子实习的操作位上，大多安装有三相或单相漏电保护器，以及 220 V 的交流电源插座(见图 1－1)和三相交流电源插座(见图 1－2 和图 1－3)。使用时要注意以下两方面的安全问题。

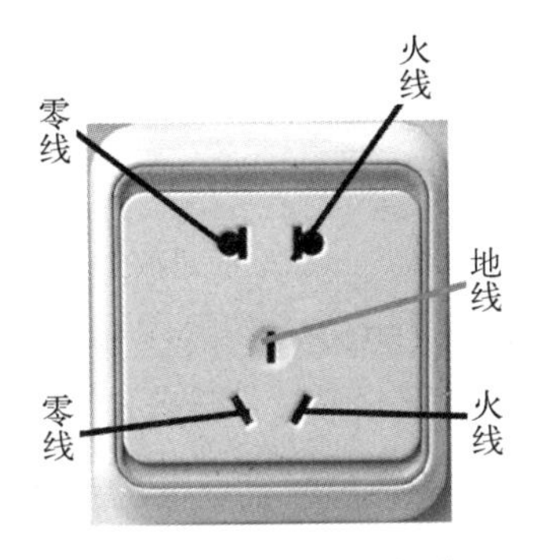

图 1－1　交流电源插座

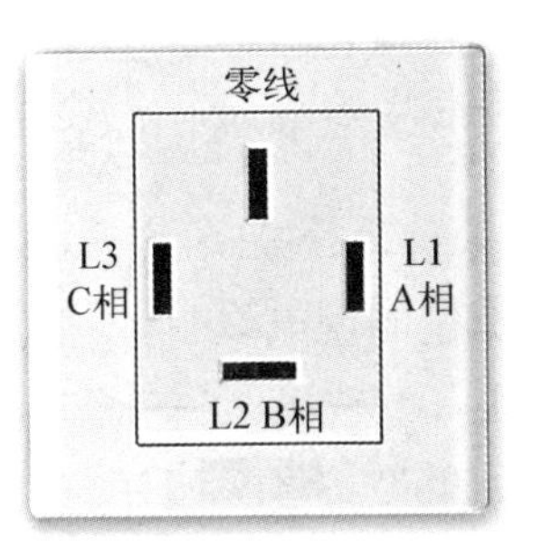

图 1－2　三相四线插座

图 1－3　三相五线插头及插座

(1) 每个工位上的电源在不使用的时候，一定要将控制开关断开。如果在电源使用中，遇到用电事故，马上拉下漏电保护器(见图 1－4)，切断电源。

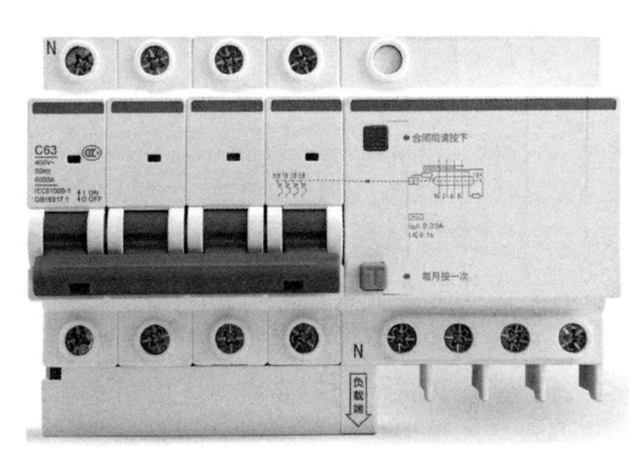

图 1－4　漏电保护器

(2) 实习台上的电源只允许连接与实习相关的工具、仪表,不允许接入与实习操作无关的用电器材。

漏电保护器也称漏电开关或漏电断路器,它是防止在低压线路中发生人体触电或漏电造成火灾、爆炸事故的一种开关电器。其作用是当发生人体触电或设备漏电时,迅速自动切断供电电路,从而避免人体或设备受到危害。合闸前请确认右上方的蓝色方形按钮是不是弹起的,如果它弹起了,则说明曾经发生过漏电,内部已将开关的合闸机械机构闭锁住。用户必须先按下它,然后才能将漏电保护器再次合闸。

1.1.3 安全操作注意事项

1) 接通电源前的检查

任何没操作过的用电设备,不要拿起插头就插上电源,要记住“四查而后插”。四查:一查电源线有无破损;二查插头有无外漏或内部松动;三查电源线插头两极有无短路,同外壳(如果设备是金属外壳)有无通路;四查设备所需的电压值是否与供电电压相符。

在检查无误后,就可以接通电源了。例如开启如图 1-5 所示的实验台,先打开漏电保护器,实验台上单相插座就已经接通可以使用了。如果要使用三相电,要按一次绿色启动按钮,就接通了实验台上的三相电源,按一次红色按钮,就断开了三相电源,但单相电仍可使用。图 1-6 所示为操作台面板接线,图 1-7 所示为操作台启动接线。使用结束后,须拉下漏电保护器。

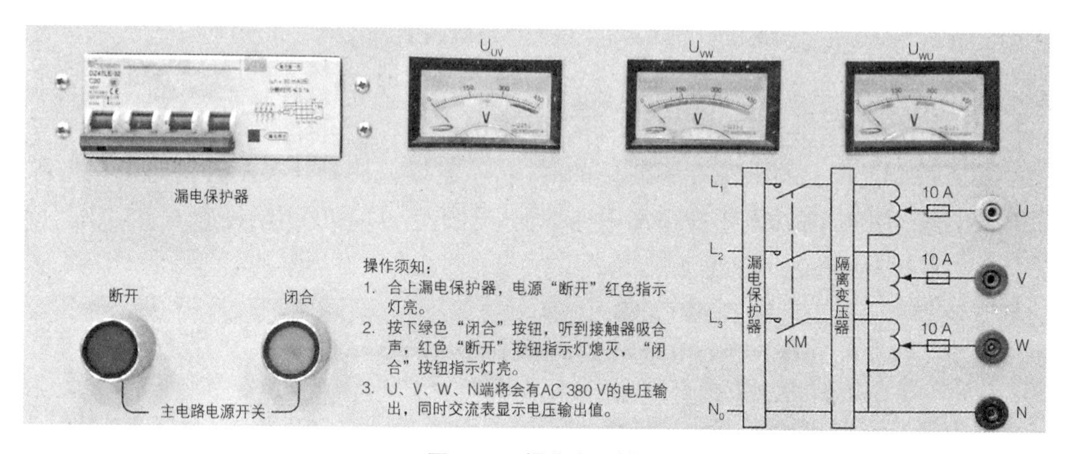

图 1-5 操作台面板

2) 检修及调试电气、电子设备的注意事项

检修前一定要了解检修对象的电气原理,特别是电源系统。断开电源并不代表没有触电危险,只有拔下插头,并对仪器内的高电压大容量电容放电处理后,才是安全的。不要随便改动仪器设备的电源线。洗手或者出汗后,不要带电作业。尽可能用单手操作。

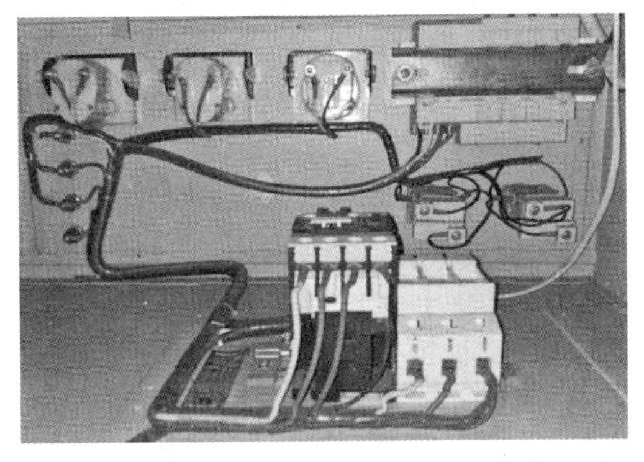

图 1－6　操作台面板接线

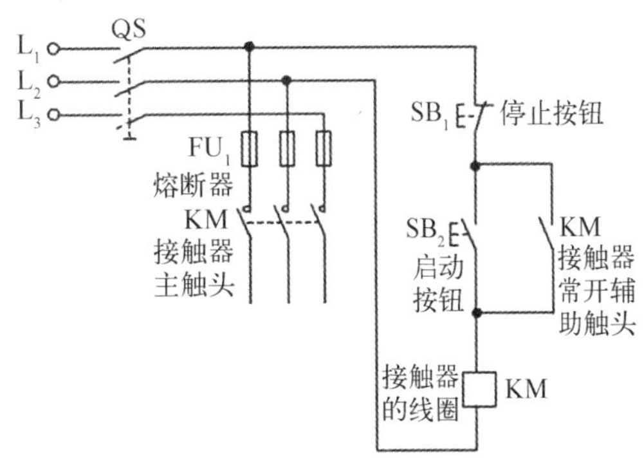

图 1－7　操作台启动接线

3）安装及焊接操作规则

（1）不要惊吓正在操作的人员，工作时不要打闹。

（2）在没有确信烙铁头脱离电源时，不能用手摸。

（3）烙铁头上多余的锡不要乱甩，特别是往身后甩的危险性更大。

（4）易燃品远离电烙铁。

（5）拆焊有弹性的元件时，不要离焊点太近，并使可能弹出焊锡的方向向外。

（6）插拔电烙铁等电器的电源插头时，手要拿插头，不要抓电源线。

（7）用螺丝刀拧紧螺钉时，另一只手不要握在螺丝刀刀口方向。

（8）用剪刀钳剪断小导线时，导线甩出方向要朝着工作台或空地，绝不可以朝向人或者设备。

（9）工作时间内的各种工具、设备不要乱摆、乱放，以免发生事故。

1.2　常用工具

1）电烙铁

电烙铁如图 1－8 所示，是电子制作和电器维修的必备工具，主要用途是焊接元件及导线。焊接前，先用清洁的、挤干水分的湿海绵或湿布将烙铁头清理干净；焊接中，先清洁烙铁头部的旧锡，按照焊接步骤进行焊接；焊接结束后，先切断电源，让烙铁头温度稍微降低后，再镀上一层新锡，镀锡层有很好的防氧化作用。电烙铁通电 2 min 后，达到焊接温度即可使用。长时间不用时，须断开电源。进行焊接时，不能过于加

图 1－8　电烙铁

大压力，以免烙铁头受损或变形。烙铁头只要充分接触焊点，热量便可以传递。烙铁头接触焊点的面积和时间与热量有直接的关系。

2）尖嘴钳

尖嘴钳如图 1－9 所示，其头部尖细，适用于夹小型金属零件、弯折元件引脚。尖嘴钳有铁柄和绝缘柄两种，绝缘柄的工作电压为 500 V，其规格以全长表示，有 130 mm、160 mm、180 mm 和 200 mm 4 种。

图 1－9　尖嘴钳　　　图 1－10　斜口钳

3）斜口钳

斜口钳如图 1－10 所示，用于剪断导线或其他较小金属、塑料等物件，也可与尖嘴钳合用于剥导线头。

4）剥线钳

剥线钳如图 1－11 所示，用于剥去导线的绝缘层，它由钳头和手柄组成，手柄是绝缘的，工作电压为500 V，其规格以全长表示，有 140 mm 和 180 mm 两种，钳头有直径为 0.5～3 mm 的多个切口，使用时，选择的切口直径必须稍大于线芯直径，以免切伤芯线。

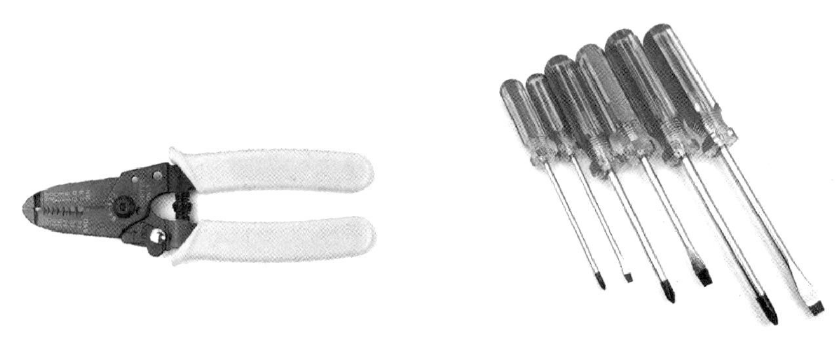

图 1－11　剥线钳　　　图 1－12　螺丝刀

5）螺丝刀

螺丝刀如图 1－12 所示，按其头部形状可分为一字形和十字形两种，专用于拧螺钉，在拧时用力不宜过猛，以免螺钉滑口。目前市场上还有多用途螺钉旋具，是一种组合工具，它的柄部、体部和头部可以拆卸，附有多种规格的一字形和十字形刀体部，常采用塑料柄，柄部结构与电笔相似，故可兼作电笔使用。

6）镊子

镊子如图 1 - 13 所示，用于夹持导线和元器件。有时焊接某些怕热元器件时，可用于散热。

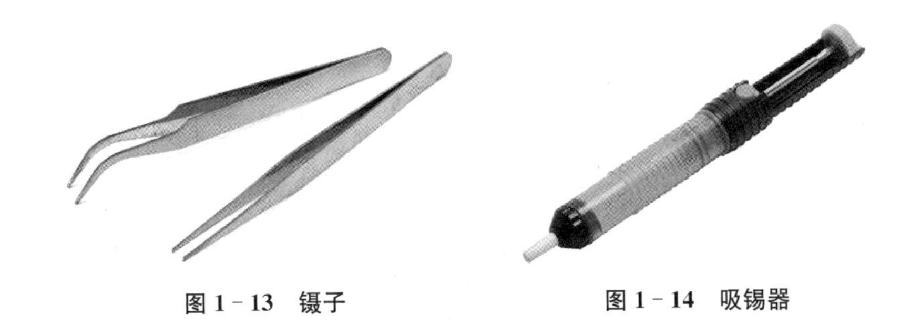

图 1 - 13　镊子　　**图 1 - 14　吸锡器**

7）吸锡器

吸锡器如图 1 - 14 所示，用于电器元件的拆卸，同时保证印制板和元器件不被损坏。其可分为两种：一种可以自行加热；一种需要电烙铁配合使用。两者区别在于：前者可以独立完成拆卸工作，在预热后，吸头可以同时完成加热和抽吸过程；后者结构简单，故障率低。使用时，把活塞推下，会自动被卡住，用烙铁加热需要拆卸焊点，使焊锡熔化，把吸锡器接近熔化的焊锡，按下活塞释放按钮，活塞由于弹簧作用迅速上升，产生内抽气流，把熔化的焊锡抽入吸锡器内。在多次使用后两者都需要清除内部积存的焊锡，以保证下次抽气的通畅。

8）焊锡丝和助焊剂

焊锡丝和助焊剂如图 1 - 15 所示。

图 1 - 15　焊锡丝和助焊剂

焊锡丝主要是焊接时用，一般用于焊接电子元器件，比如电路板的电容、电感、电阻等元器件的焊接，五金类电子器件的焊接等。在电子焊接时，焊锡丝与电烙铁配合，优质的电烙铁提供稳定持续的熔化热量，焊锡丝作为金属填充物加到电子元器件的表面和缝隙中，从而固定电子元器件，成为焊接的主要成分。

助焊剂通常是以松香为主要成分的混合物，是保证焊接过程顺利进行的辅助材料。其用于清除氧化膜，保证焊锡浸润，防止焊接时表面的再次氧化，降低焊料表面张力(黏性)，提高焊接性能。有的焊锡丝是由锡合金和助焊剂两部分组成的，不需要另外使用助焊剂，助焊剂使用过多会影响电路板外观，可以用酒精洗板。

9）数显式测电笔

数显式测电笔如图 1 - 16 所示，笔体带 LED 显示屏，可以直观地读取测试电压

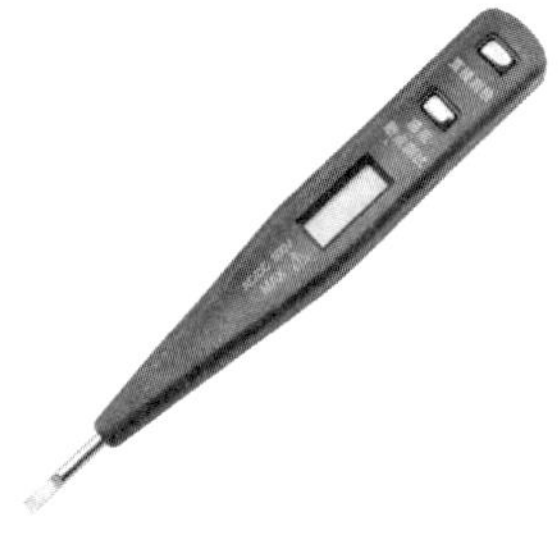

图 1-16 数显式测电笔

值。数显式测电笔既灵敏又安全，它是电工日常工作的必备工具之一。以下是数显式测电笔的常见检测及注意事项。

(1) 电压检测。检测范围为 12～250 V 的交/直流电压。轻触直接测量按键(DIRECT)，测电笔金属前端接触被检测物，液晶显示屏显示的数值为所测电压值(未至高端显示值的 70%时，显示低端值)，本测电笔分 12 V、36 V、55 V、110 V 和 220 V 5 段电压值。

测非对地的直流电时，手应接触另一电极(如正极或负极)。

(2) 感应检测。轻触感应、断点测量按键(INDUCTANCE)，测电笔金属前端靠近被检测物，若显示屏出现高压符号，表示物体带交流电。

测量断开的电线时，轻触感应、断点测量按键，测电笔金属前端靠近该电线的绝缘外层，如有断线现象，在断点处高压符号消失。

利用此功能可方便地分辨零、相线(测并排线路时要增大线间距离)，检测微波的辐射及泄漏情况等。

(3) 注意事项。按键不需用力按压，测试时不能同时接触两个测试键，否则会影响灵敏度及测试结果。不管电笔上如何印字，请认明离液晶屏较远的为直接测量键；离液晶屏较近的为感应键。

1.3 常用电子仪器仪表

经常使用的电子仪器有数字万用表、直流稳压电源、示波器、函数信号发生器、LCR 数字电桥测试仪等。在电子电路实验中要对各种电子仪器进行综合使用，可按照信号流向，以连线简捷、调节顺手、观察与读数方便等原则进行合理布局，各仪器与被测实验装置之间的布局与连接如图 1-17 所示。接线时应注意，各仪器的公共对地端应连接在一起，称为共地。

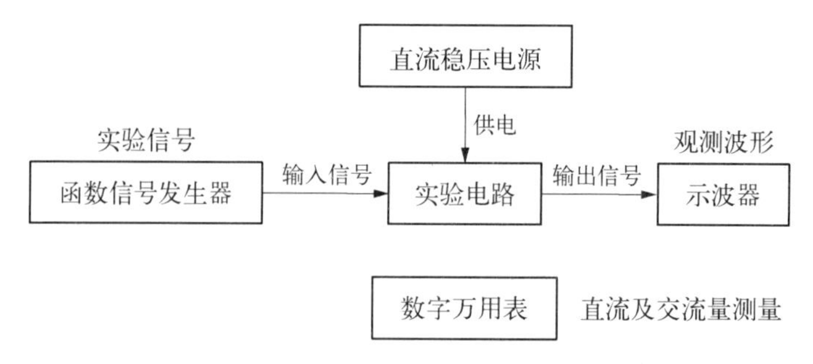

图 1-17 仪器与被测实验装置之间的布局与连接

1.3.1 数字万用表

数字万用表是一种多功能、多量程的测量仪器，一般可测量交/直流电流、交/直流电压、电阻、电容及二极管的导通等。如图1-18所示为手持式万用表，如图1-19所示为台式万用表，如图1-20所示为钳式万用表。

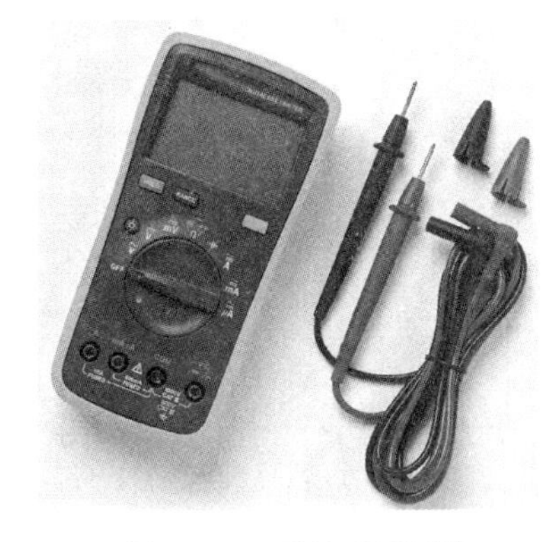

图1-18　手持式万用表

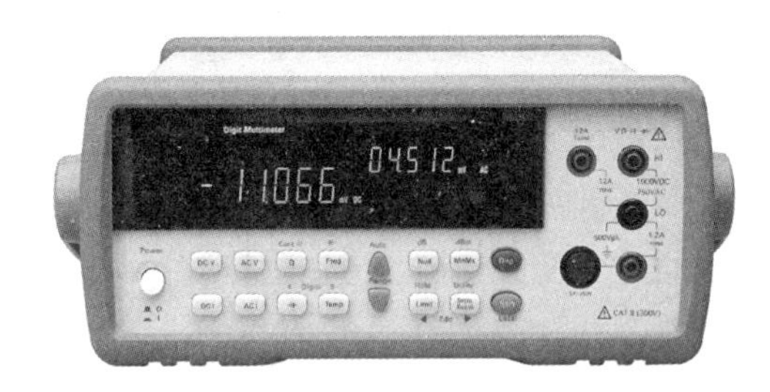

图1-19　台式万用表

数字万用表的基本功能及操作如下。

（1）交/直流电流的测量：红表笔插入"A"或"mA"插孔中，根据测量电流的大小选择适当的电流测量量程，串联进电路进行测量。（因为串联需要断开原来的电路，所以带有表笔的万用表不常用于测电流。）

图1-20　钳式万用表

（2）交/直流电压的测量：红表笔插入"V/Ω"插孔中，根据电压的大小选择适当的电压测量量程，黑表笔接触电路"地"端，红表笔接触电路中待测点。数字万用表测量交流电压的频率范围为10～50 kHz。频率太低会影响测量精度，频率太高会因仪表整流二极管的结电容和仪表的分布电容而受到影响。

（3）电阻的测量：红表笔插入"V/Ω"插孔中，根据电阻的大小选择适当的电阻测量量程，红、黑两表笔分别接触电阻两端，观察读数即可。

利用电阻挡还可以定性判断电容的好坏。先将电容两极短路（用一支表笔同时接触两极，使电容放电），然后将万用表的两支表笔分别接触电容的两个极，观察显示的电阻读数。若一开始时显示的电阻读数很小（相当于短路），然后电容开始充电，显示的电阻读数逐渐增大，最后显示的电阻读数变为"1"（相当于开路），则说明该电容是好的。若按上述步骤操作，显示的电阻读数始终不变，则说明该电容已损坏。特别注意的是，测量时要根据电容的大小选择合适的电阻量程，例如47 μF用200 k挡，而

4.7 μF 则要用 2 M 挡，等等。

（4）二极管导通电压检测：在这一挡位，红表笔接万用表内部正电源，黑表笔接万用表内部负电源。两表笔与二极管的接法如图 1－21 所示。若按图 1－21(a)的接法测量，则被测二极管正向导通，万用表显示二极管的正向导通电压，单位是 mV。通常好的硅二极管正向导通电压应为 500～800 mV，好的锗二极管正向导通电压应为 200～300 mV。假若显示“000”，则说明二极管击穿短路，假若显示“1”，则说明二极管正向不通。若按图 1－21(b)的接法测量，显示“1”，说明该二极管反向截止，若显示“000”或其他值，则说明二极管已反向击穿。

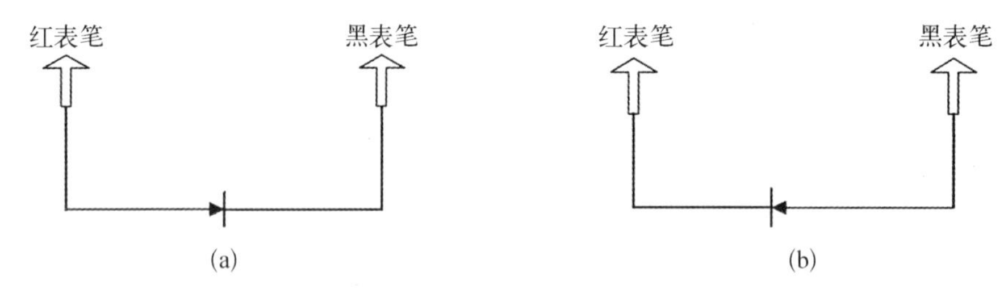

图 1－21　测量二极管

此挡也可以用来判断三极管的好坏及管脚的识别。测量时，先将一支表笔接在某一认定的管脚上，另一支表笔则先后接到其余两个管脚上，如果这样测得两次均导通或均不导通，然后对换两支表笔再测，两次均不导通或均导通，则可以确定该三极管是好的，而且可以确定该认定的管脚就是三极管的基极。若是用红表笔接在基极，黑表笔分别接在另外两极均导通，则说明该三极管是 NPN 型，反之，则为 PNP 型。最后比较两个 PN 结正向导通电压的大小，读数较大的是 be 结，读数较小的是 bc 结，由此集电极和发射极都识别出来了。

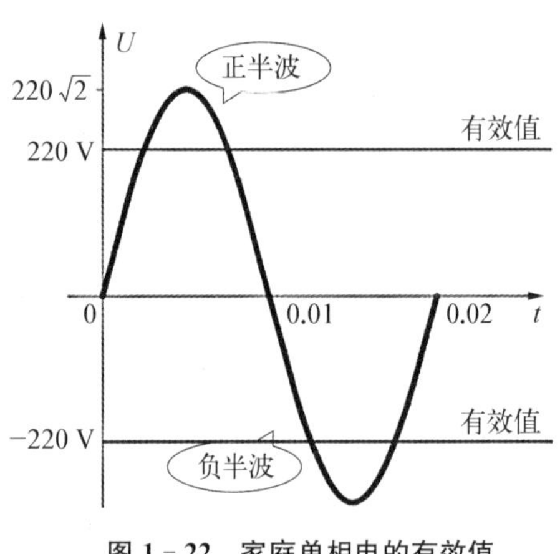

图 1－22　家庭单相电的有效值

（5）短路检测：将功能、量程开关转到“•)))”位置，两表笔分别接触测试点，若有短路，则蜂鸣器会响。

需要注意的是万用表测量出来的数值为有效值(rms)，例如家庭单相电 220 V 即为有效值，最大值(max)约为 311 V，峰峰值(pp)约为 622 V，如图 1－22 所示。

1.3.2　直流稳压电源

直流稳压电源是为电子负载提供稳定的直流电源的装置。如图 1－23(a)所示为正面操作和显示面板。如图 1－23(b)所示为背面散热口和电源接口。输入为交流，输出为直流，一般使用如图 1－23(c)所示的电源线，一端为插入式端子，一端为鳄鱼夹。

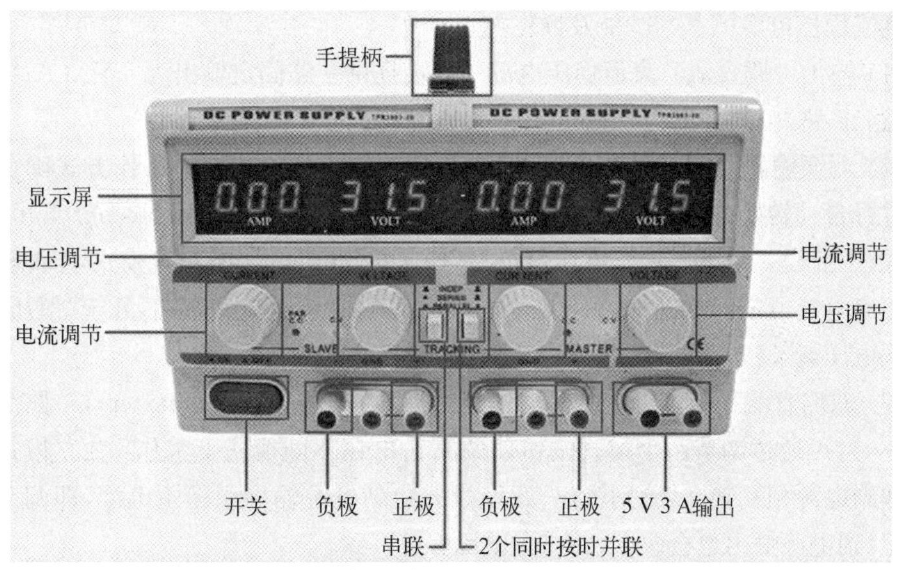

(a) 正面操作和显示面板

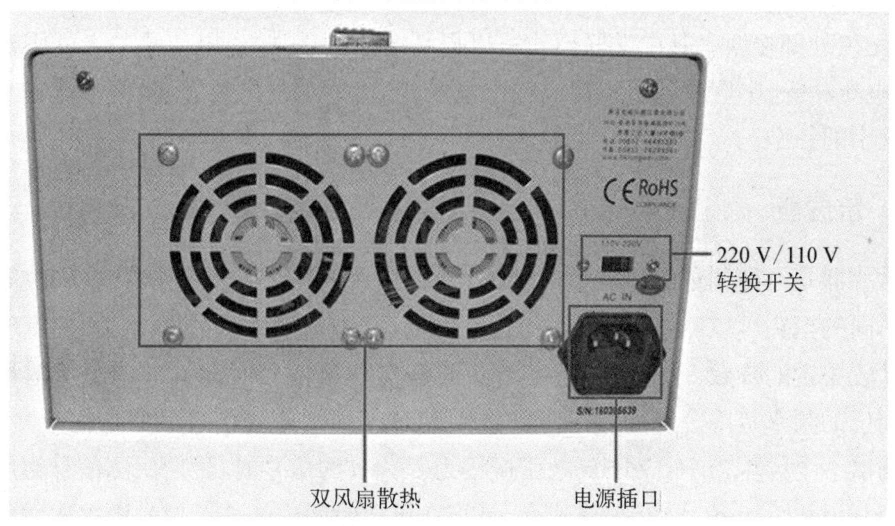

(b) 背面散热口和电源接口

(c) 电源线

图 1－23　直流稳压电源

直流稳压电源的基本功能及操作如下。

(1) 输出可调直流。直流稳压电源一般会提供一路固定输出为 5 V、3 A;提供两路(A 路、B 路)可调输出为 0～30 V、0～2 A。

(2) 可调输出一般都具有恒压、恒流两种工作方式。这两种工作方式随负载变化会进行自动转换,并由仪器前面板上的发光二极管显示出 CV(constant voltage,恒压模式,于此模式下电源输出电压恒定)、CC(constant current,恒流模式,于此模式下电源输出电流恒定)方式。电源处于“恒流”状态时去调电流调节钮,处于“恒压”状态时去调电压调节钮,才能改变负载上的电压和电流。

(3) 双路直流稳压电源支持同时输出两路,一路为主电源(master),一路为副电源(slave),可通过调节两个模式按钮使两路输出在不同模式下工作:独立模式指主电源和副电源相互独立,分别输出;跟踪模式指副电源输出跟随主电源,即调节主电源按钮,副电源输出也会改变,并与主电源保持一致。

跟踪模式包括串联跟踪模式和并联跟踪模式,这两种模式通过内部接线完成串并联,无须外部接线。其中并联模式可以提高输出电流,输出电流是二者的限流点之和,但电压相等;串联模式可以提高输出电压,输出电压是二者之和,但电流是二者设置的偏小的一个。

1.3.3 示波器

示波器是一种测量电压波形的仪器,通常用于对电路进行调试和排除故障。其搭配不同的探头可以测试各种不同的量,如电压、电流、频率、相位差、调幅度等。有两个比较关键的参数:一是带宽,是指示波器在测量信号时能够准确显示信号的幅值和相位的频率范围。例如,带宽 $f=100$ MHz,那么所测信号最好是在 $f/3$ 以下。如果测试一个频率为 100 MHz、电压振幅为 1 Vpp 的信号时,最后所测信号幅度只有 100 MHz、0.707 Vpp。二是采样速率,是指在单位时间内从连续信号中提取并组成离散信号的采样个数。例如,根据香农采样定理 $f_s \geqslant 2f_{max}$,其中 f_s 是采样频率,f_{max} 是信号中的最高频率。一个 500 MHz 的信号,采样速率至少要 1 GS/s,1 GS/s 是指每秒 1 G 个采样点。

如图 1-24 所示,示波器主要有 3 个部分:垂直控制、水平控制和触发控制,此外还提供了“菜单操作键”,即示波器屏幕周围排放的一些键,对应于屏幕里面的菜单,这些键在不同的菜单中对应不同的项目,因此键的定义不固定,故称为软键(soft key)。

下面是一些采用同轴电缆接口(BNC)的常用探头。

带补偿的高阻无源探头如图 1-25 所示,在 10 MΩ、500 MHz 内,耐压 300 V(有效值,rms)。

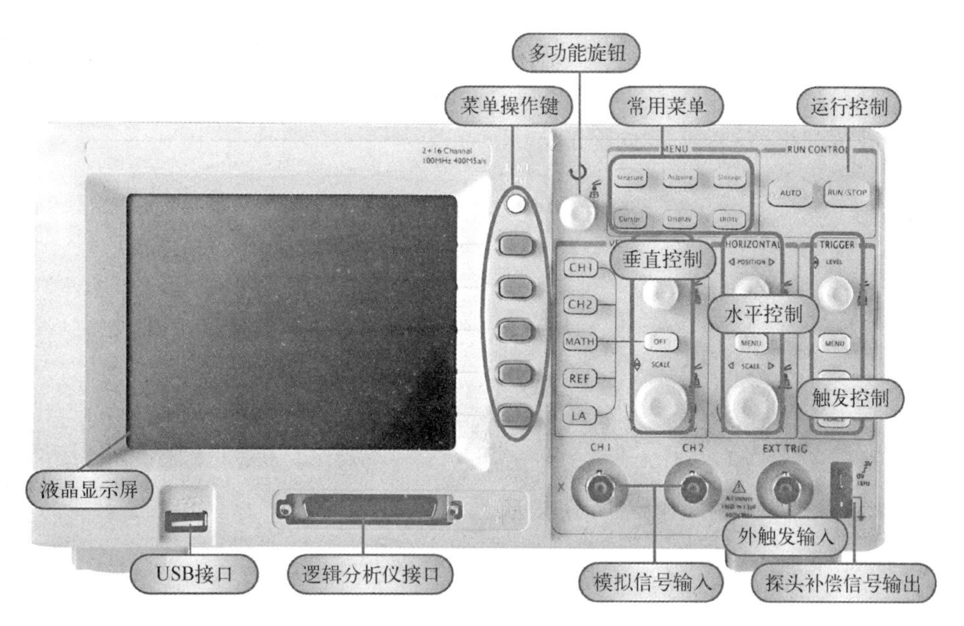

图 1-24　示波器正面

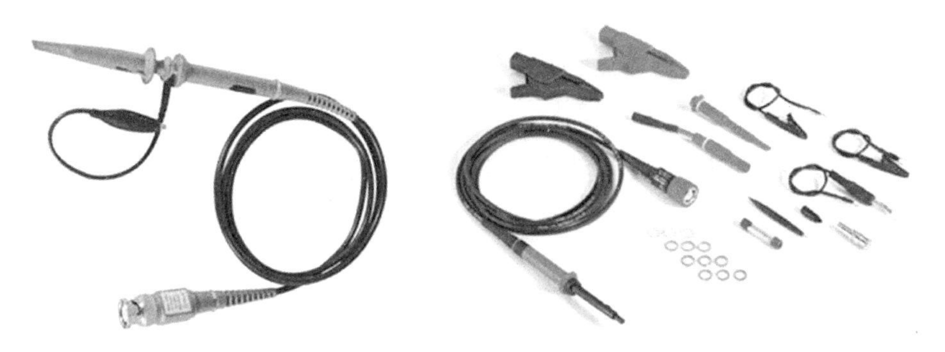

图 1-25　带补偿的高阻无源探头　　　　图 1-26　高压探头

高压探头如图 1-26 所示，高阻，可测量高压和超高压信号。

低阻无源分压探头如图 1-27 所示，可探测 50 Ω/1 GHz 以上的信号。

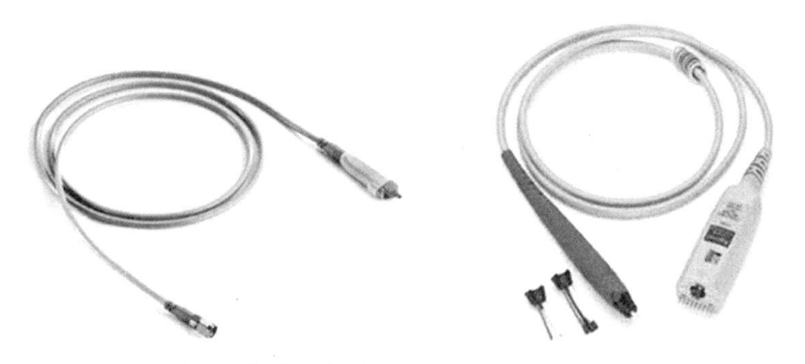

图 1-27　低阻无源分压探头　　　　图 1-28　单端有源探头

单端有源探头如图 1-28 所示，1 MΩ 低寄生电容，可测高频信号，耐压几十伏。

高压差分探头如图 1－29 所示，高压差分探头相对于无源高压探头而言价格昂贵，因此有用户在测试高压差分信号时会选择将示波器的电源接地线剪断，使示波器"浮起来"进行测试，这是非常危险的。

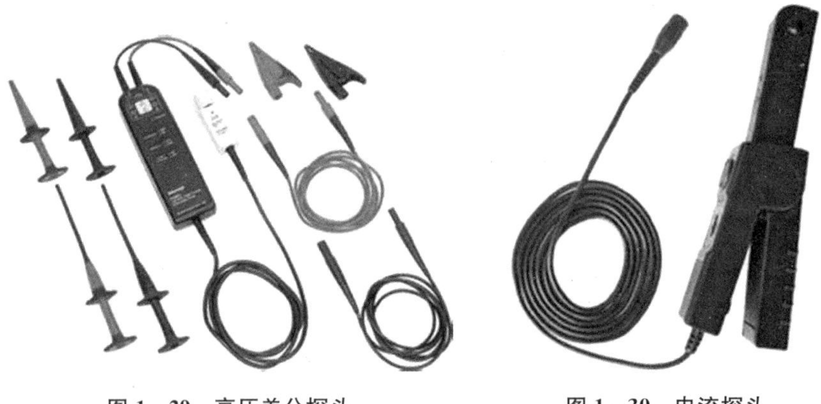

图 1－29 高压差分探头　　图 1－30 电流探头

电流探头如图 1－30 所示，交流电流（AC）通过互感器采集电流；直流电流（DC）通过霍尔传感器采集电流。

示波器的基本功能及操作如下。

（1）校准：在使用前对示波器进行自校准，将探头菜单衰减系数设定为"1×"，并将探头上的开关设定为"1×"，探头的尖端或者帽钩连接"5 V、1 kHz"方波信号界限环，探头夹子连接接地环（因内部均已接地，也可以不接）。如果方波不标准，用螺丝刀调节探头的补偿电容对探头进行补偿。

（2）选择对应探头：将通道 1 的探头连接到电路被测点。

（3）自动设置功能（AUTO）：这是最常用的简便功能。如果要观测某个电路中的一个未知信号，但是又不了解这个信号的具体幅度和频率等参数，可使用这个功能，快速测出该信号的频率、周期和峰峰值。这个功能省去了复杂的手动设置。

（4）自动测量功能（MEASURE）：这是最常用的简便测量功能。示波器通过这个自动测量功能来测量显示大多数信号，如果要测量信号的频率、周期、峰峰值、平均值、上升时间和正频宽的波形与参数，按下自动测量按钮，显示自动测量菜单。先按 F6 进入测量设定，按 F1 键，选定 CH1。再旋转多功能旋钮，选定一个需要测量的项目，红色箭头指向代表选中，选中后回到测量界面就可以进行测量了。

需要注意的是，测量双踪信号时，需用两个探头，但因内部均已接地，所以只需要一个探头夹子。

1.3.4 函数信号发生器

函数信号发生器如图 1－31 所示，按需要可以输出正弦波、方波、三角波等多种信号波形。

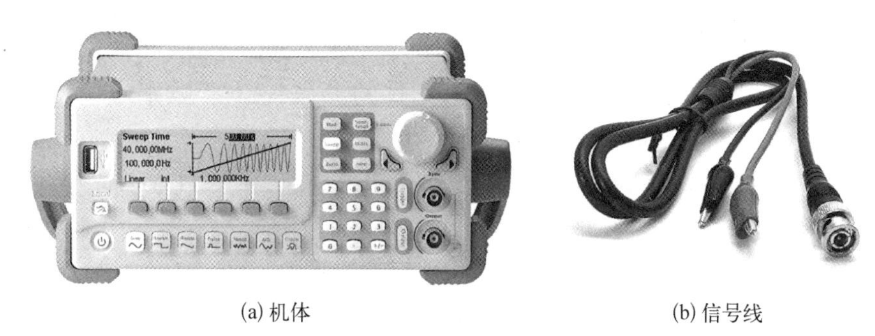

(a) 机体　　　　(b) 信号线

图 1-31　函数信号发生器

实验中大多函数信号发生器输出电压的峰峰值最大可达 20 V。通过输出衰减开关和输出幅度调节旋钮,可使输出电压在毫伏级到伏级范围内连续调节。输出信号频率为 0.1～20 MHz,可以通过频率分挡开关进行调节。

仪器面板一般会有两个接线端子,均为同轴电缆接口(BNC),与示波器探头的接口相同,但线端是鳄鱼夹,如图 1-31(b)所示。

函数信号发生器的基本功能及操作如下。

(1) 输出正弦波,10 kHz,1 Vpp,2 Vdc:按功能键(FUNC)选择正弦波,按频率键(FREQ)选择 1 kHz,按幅值键(AMPL)选择 1 Vpp,按补偿键(OFST)选择 2 Vpp,按输出键(OUTPUT)。

(2) 输出方波,10 kHz,3 Vpp,75%占空比:按 FUNC 键选择方波,按频率键(FREQ)选择 10 kHz,按幅值键(AMPL)选择 3 Vpp,按占空比键(DUTY)选择 75%,按输出键(OUTPUT)。

(3) 输出三角波,10 kHz,3 Vpp,25%对称性:按功能键(FUNC)选择三角波,按频率键(FREQ)选择 10 kHz,按幅值键(AMPL)选择 3 Vpp,按占空比键(DUTY)选择 25%,按输出键(OUTPUT)。

1.3.5　LCR 数字电桥测试仪

LCR(inductance 电感,capacitance 电容,resistance 电阻)数字电桥测试仪如图 1-32 所

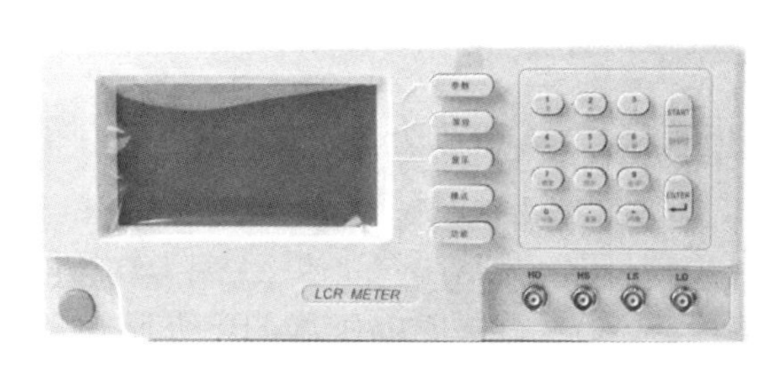

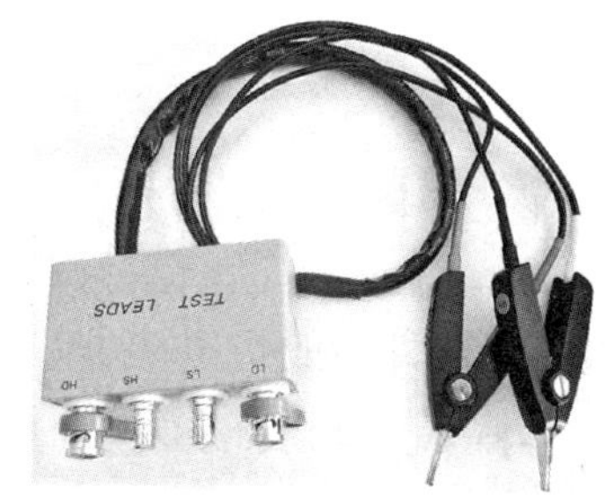

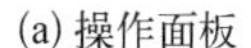

(a) 操作面板　　　　(b) 夹具

图 1-32　LCR 数字电桥测试仪

示，是一种用于测量电感、电容和电阻的仪器。它基于电桥原理，利用交流电信号通过待测元件后的相位差和幅值变化来测量元件的参数。LCR 数字电桥测试仪一般有 R/Q、C/D、C/R 和 L/Q 4 种模式。

其中 R、L、C 为主参数，分别代表电阻(R)、电感(L)、电容(C)。而 Q、D、R 为次参数，Q 代表质量因数，为 0.000 1～9 999；D 代表散逸因数，为 0.000 1～9 999；R 代表串并联等效阻抗 ESR\EPR，为 0.000 1 Ω～9 999 kΩ。

LCR 数字电桥测试仪的基本功能及操作如下。

(1) 仪器归零。为消除测试导线之间杂散电容与阻抗对测试结果的影响，LCR 数字电桥测试仪在执行任何测试动作之前都必须先归零。为了得到高的准确度，最好在每次使用 LCR 数字电桥测试仪之前都做归零动作。测试线或测试制具[如图 1-32(b)所示]每天至少要做一次归零动作，在更换测试线或测试制具时也要再做归零动作。归零动作分两种：开路归零和短路归零。

开路归零时，测试导线或制具上不得连接任何组件。按功能键选择“开路归零”。短路归零时，测试导线或制具上必须短路(可接上一条短铜线)，按功能键选择“短路归零”。

(2) 选择测试模式。按“MENU”键进入次一层功能。同时可由旁边相对应功能键选择各种不同的功能。可选择 4 种测试模式，分别是：R/Q、C/D、C/R 和 L/Q 模式。

(3) 选择测量速度：慢速(SLOW)、中速(MEDIUM)或快速(FAST)。测量速度与精度的关系如表 1-1 所示。

表 1-1　测量速度与精度的关系

测量速度	精　　度
SLOW	每秒做至少 1 次测量，精度至少为 0.05%
MEDIUM	每秒做至少 3 次测量，精度至少为 0.1%
FAST	每秒做至少 7 次测量，精度至少为 0.24%

1.4　常用电子元器件

电子元器件一般指电阻器(R)、电位器(RP)、电容器(C)、电感器(L)、晶体二极管(D)、晶体三极管(Q)、可控硅(晶闸管，SCR)、继电器、变压器(T)、集成电路(IC)等。下面分别说明这些元器件的用途，以及主要性能参数、规格型号和质量检查等基本知识。

1.4.1　电阻器

电阻器简称电阻，是对电流产生阻碍作用的元器件。

1）电阻器类型

如图1-33所示为多种类型的电阻器，其在电路中的主要作用是控制电压、电流的大小，还可以与其他元件配合，组成耦合、滤波、反馈、补偿等各种不同功能的电路。

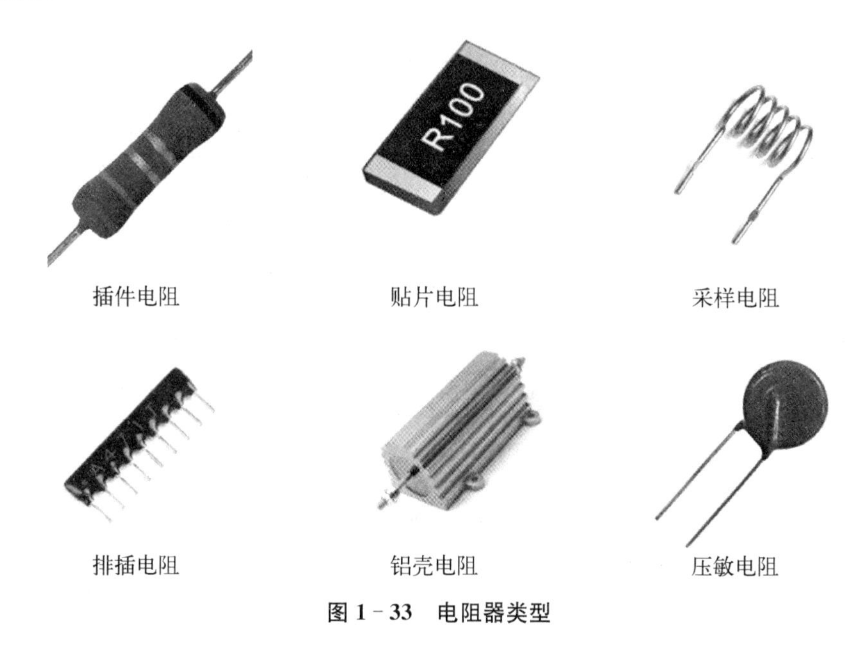

图1-33　电阻器类型

（1）插件电阻：有两根比较长的引脚，用于在通孔焊盘处焊接。以金属膜电阻为主，是正温度系数，温度越高电阻值越大，特性稳定，误差小，精度高，体积小。碳膜电阻是负温度系数，现已较少生产。还有金属氧化膜电阻，耐高温高频，外表呈磨砂灰色。

（2）贴片电阻：形状为扁平长方形，两端有焊接点，用于在表面焊盘处焊接。具有体积小、重量轻、稳定性好和安装方便等优点。

（3）采样电阻：主要是进行电流采样，具有高功率、低阻值和高可靠性等特点。

（4）排插电阻：由若干个参数完全相同的电阻集中封装在一起组合制成。所有电阻的一端引脚连在一起作为公共端，其余引脚正常引出。其具有装配方便和密度高等优点。

（5）铝壳电阻：外壳采用铝合金制造，表面具有散热沟槽，具有功率大、耐高温、过载能力强、耐气候性和高精度等优点。

（6）压敏电阻：当外加电压达到其临界值时，阻值会急剧变小，将电压钳位到一个相对固定的电压值，从而实现对后级电路的保护。

还有一些特殊类型电阻，如光敏电阻、热敏电阻和湿敏电阻等，可查阅相关图书等进行了解。

2）电阻器的关键参数

（1）电阻值：用字母 R 表示，单位是欧姆（Ω），1 kΩ=1 000 Ω，1 MΩ=1 000 kΩ。电阻值的大小与导体的材料、长度、截面积和温度等因素有关，生产时需按照国家标准标定电阻的标称值。如表 1-2 所示为常用的 E-24 系列碳膜电阻的电阻标称值列表，精度为±5%。

表 1-2　E-24 系列碳膜电阻的电阻标称值

精度为 5%的碳膜电阻的电阻标称值/Ω									
1.0	5.6	33	160	820	3.9 k	20 k	100 k	510 k	2.7 M
1.1	6.2	36	180	910	4.3 k	22 k	110 k	560 k	3 M
1.2	6.8	39	200	1 k	4.7 k	24 k	120 k	620 k	3.3 M
1.3	7.5	43	220	1.1 k	5.1 k	27 k	130 k	680 k	3.6 M
1.5	8.2	47	240	1.2 k	5.6 k	30 k	150 k	750 k	3.9 M
1.6	9.1	51	270	1.3 k	6.2 k	33 k	160 k	820 k	4.3 M
1.8	10	56	300	1.5 k	6.6 k	36 k	180 k	910 k	4.7 M
2.0	11	62	330	1.6 k	7.5 k	39 k	200 k	1 M	5.1 M
2.2	12	68	360	1.8 k	8.2 k	43 k	220 k	1.1 M	5.6 M
2.4	13	75	390	2 k	9.1 k	47 k	240 k	1.2 M	6.2 M
2.7	15	82	430	2.2 k	10 k	51 k	270 k	1.3 M	6.8 M
3.0	16	91	470	2.4 k	11 k	56 k	300 k	1.5 M	7.5 M
3.3	18	100	510	2.7 k	12 k	62 k	330 k	1.6 M	8.2 M
3.6	20	110	560	3 k	13 k	68 k	360 k	1.8 M	9.1 M
3.9	22	120	620	3.2 k	15 k	75 k	390 k	2 M	10 M
4.3	24	130	680	3.3 k	16 k	82 k	430 k	2.2 M	15 M
4.7	27	150	750	3.6 k	18 k	91 k	470 k	2.4 M	22 M
5.1	30								

（2）额定功率：当电流通过电阻器时，要消耗一定的功率，这部分功率变成热量使电阻器温度升高，为保证电阻器正常使用而不被烧坏，它所承受的功率不能超过规定的限度，这个最大的限度就称为电阻器的额定功率。一般可分为 0.125 W、0.25 W、0.5 W、1 W、2 W、5 W、10 W……额定功率大的电阻器体积就大，在一般半导体收音机等电流较小的电路中，电阻器的额定功率一般只需 0.25 W 或 0.125 W 就可以了。不同类型的电阻器有不同系列的额定功率，如表 1-3 所示。

表 1 - 3　电阻器额定功率等级

名　　称	额定功率/W					
实芯电阻器	0.25	0.5	1	2	5	
线绕电阻器	0.5	1	2	6	10	15
	25	35	50	75	100	150
薄膜电阻器	0.025	0.05	0.125	0.25	0.5	1
	2	5	10	25	50	100

3) 标识方法

电阻器主要有 3 种标识方法：直标法、文字符号法和色标法。

(1) 直标法：在电阻器表面用数字、单位符号和百分数直接标出电阻器的阻值和允许误差。优点是直观、一目了然。表示方法如：5.1 kΩ±5%。

(2) 文字符号法：通常 2 W 以下的小功率电阻器的功率、电阻材料不标出，通过外形尺寸、颜色即可判定(如通常碳膜电阻器涂棕色，金属膜电阻器涂绿色或红色)。2 W 以上功率的电阻器大部分在电阻器上以符号标出，电阻材料的代表符号如表 1 - 4 所示。

表 1 - 4　电阻材料及代表符号

符号	T	J	X	H	Y	C	S	I	N
材料	碳膜	金属膜	线绕	合成膜	氧化膜	沉积膜	有机实芯	玻璃釉膜	无机实芯

例如，RJ 1/2 W 470 Ω 和 RX 4 W 10 MΩ 分别为金属膜和线绕碳膜电阻器的直接表示法，5Ω1 代表 5.1 Ω，5k1 代表 5.1 kΩ，4M7 代表 4.7 MΩ。

普通电阻器的精度分为+5%、+10%、+20% 3 种，可在电阻标称值后标明 J、K、M 符号。精密电阻器的精度等级比较多，对应符号如表 1 - 5 所示。

表 1 - 5　精密电阻器的精度等级

精度等级/%	+0.001	+0.002	+0.005	+0.01	+0.02	+0.05	+0.1	+0.2	+0.5	+1	+2	+5	+10	+20
符号	E	X	T	H	U	W	B	C	D	F	G	J	K	M

(3) 色标法：指用色环表示电阻器的阻值和允许误差，不同颜色的色环代表不同数值。

小功率电阻器较多使用色标法，特别是在 0.5 W 以下的碳膜和金属膜电阻器上标识更为普遍。常用的色标法有三环色标法、四环色标法、五环色标法。色标的基本色码及意义如表 1-6 所示。

表 1-6　色标的基本色码及意义

色别	左第一环 第一位数	左第二环 第二位数	左第三环 第三位数	右第二环 应乘倍率	右第一环 精度
棕	1	1	1	10^{1}	F(±1%)
红	2	2	2	10^{2}	G(±2%)
橙	3	3	3	10^{3}	
黄	4	4	4	10^{4}	
绿	5	5	5	10^{5}	D(±0.5%)
蓝	6	6	6	10^{6}	C(±0.2%)
紫	7	7	7	10^{7}	B(±0.1%)
灰	8	8	8	10^{8}	
白	9	9	9	10^{9}	
黑	0	0	0	10^{0}	
金				10^{-1}	J(±5%)
银				10^{-2}	K(±10%)

三环色标：可表示标称电阻值(精度均为+20%)。

四环色标：可表示标称电阻值及精度。

五环色标：可表示标称电阻值(三位有效数字)及精度。为避免混淆，第五色环的宽度是其他色环的 1.5～2 倍。

例如，若电阻器的 4 个色环颜色依次为：黄、紫、棕、银，表示 470 Ω±10%的电阻器；若电阻器上的 5 个色环颜色依次为：棕、蓝、绿、黑、棕，表示 165 Ω±1%的电阻器。

1.4.2　电位器

典型电位器基本结构如图 1-34 所示，其主要用途是在电路中作为分压器或变阻器，用作电压电流的调节。

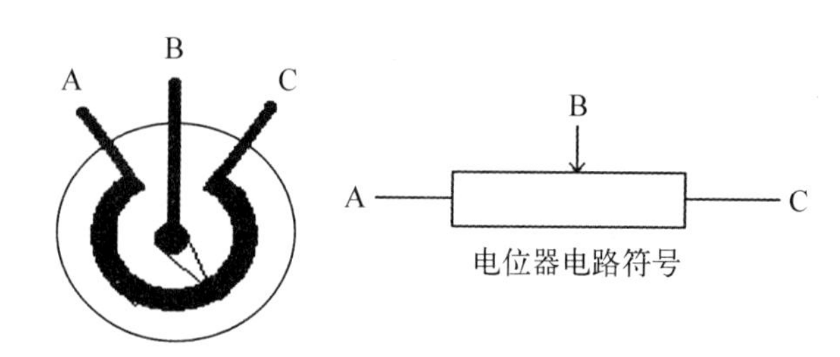

图 1-34　电位器基本结构及电路符号

1）电位器类型

电位器有多种类型，外形如图 1－35 所示。

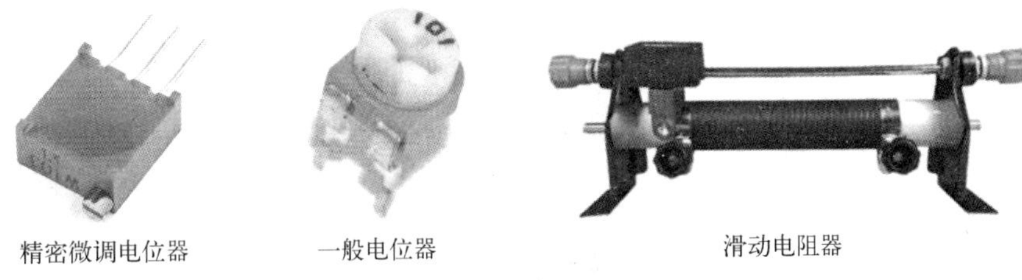

图 1－35　电位器类型

（1）精密微调电位器：可以以较高精度调节自身电阻值，多用在需要进行精密调节的电路中，例如音响和接收机中作音量控制用。

（2）一般电位器：其调节精度低，可以快速改变其电阻值，适用于精度要求不高的电路中。

（3）滑动电位器：通过滑片的滑动改变其电阻值，功率比较大，多用于电子实验教学中。

2）电位器的关键参数

（1）电阻值：标称电阻值是两个固定端之间的总电阻值，具体应用到电路中的电阻值要结合滑片或者旋钮的运动方向和接线柱的接线方式来确定。

（2）功率：电位器是一种可调电阻器，其额定功率是两个固定端上允许的消耗功率，当采用不同接线方式时，要对应改变额定功率的计算方法。

3）标注方法

电位器一般采用直标法，在电位器外壳上用字母和数字标明其型号、标称功率、阻值、阻值与转角间的关系等。例如，WT－1K－2W 电位器表示单圈碳膜电位器，额定阻值为 1 kΩ，额定功率为 2 W。

1.4.3　电容器

电容器简称电容，其基本结构是两个金属电极中间隔着绝缘体（即电介质），是一种储存电荷的容器。

电容器的基本特征是“隔直通交”，不能通过直流电，而能通过交流电，且容量越大，电流频率越高，容抗就越小，交流电流就越容易通过。

电容器的电路符号如图 1－36 所示。

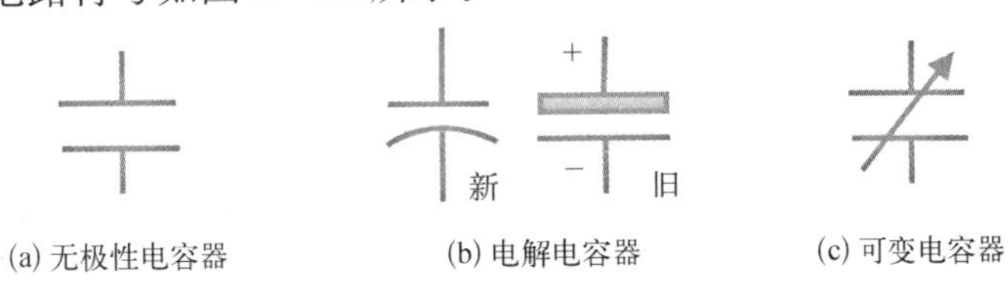

图 1－36　电容器的电路符号

1）电容器的类型

电容器的种类很多，其外形如图 1－37 所示，按结构分为以下几大类。

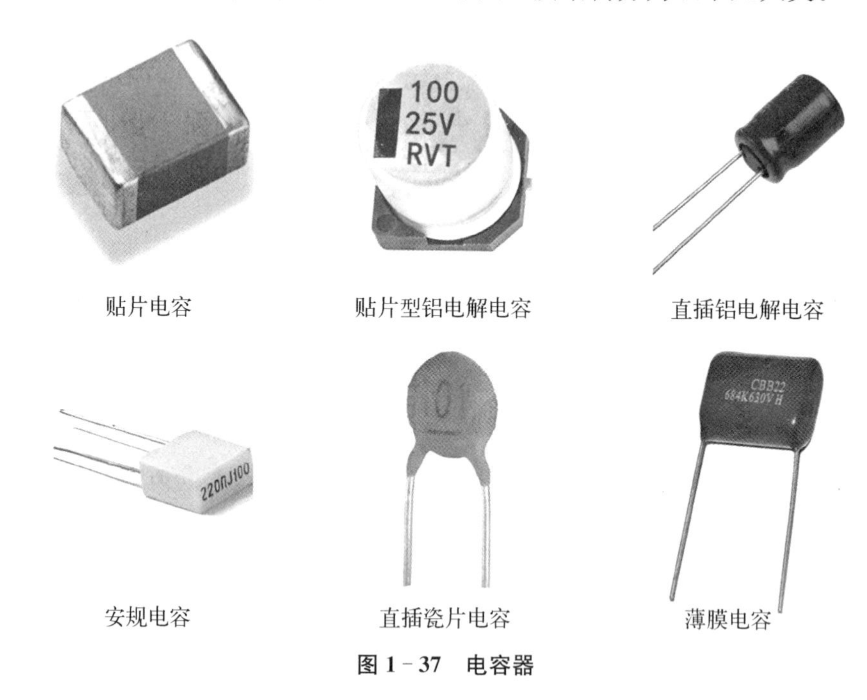

图 1－37　电容器

（1）贴片电容：是多层片式陶瓷电容器，两端有金属电极，可以紧贴电路板进行焊接，具有温度稳定性高和体积小的优点，适用于集成度高的电路中。

（2）贴片型铝电解电容：采用铝壳包装，底板是塑料，电容与底板紧密地贴合在一起，体积小，但成本略高。

（3）直插铝电解电容：大多是有极性的，一般有特殊标记的一侧为负极，具有容量大、耐压高、价格较低的优点，但体积大、高频性能较差。

（4）安规电容：是添加了触控探测功能的电容器，当失效时不会导致电击或危及人身安全，适用于电源滤波器电路中。

（5）直插瓷片电容：用陶瓷材料作介质，在陶瓷表面涂覆一层金属薄膜，再经高温烧结后作为电极。其体积较小，形状像片，广泛应用于电路板制作中，但容量小、稳定性差。

（6）薄膜电容：是一种以塑料薄膜为电介质的电容器，具有精度高和温度稳定性好的优点，适用于高频和精密电路，但容量相对较小，耐压能力也有限。

2）关键参数

（1）额定直流工作电压（又称耐压）：电容器在线路中能长期可靠工作而不致被击穿时所能承受的最大直流工作电压。一般标注在电容器的壳体上，供选用时参考。耐压值选得太低，电容器容易被击穿，选得太高，又会增大电容器的体积，同时还会增加成本。

(2) 标称容量和允许误差：为了生产和选用方便，国家规定了各种电容器的一系列标准值，这个值称为标称容量，也就是电容器壳上所标出的容量。实际生产的电容器的容量和标称容量之间总是会有误差的。实际电容量与标称电容量间允许的最大误差称为允许误差。一般分为 3 个等级，用 Ⅰ 级(即±5%)、Ⅱ 级(即±10%)、Ⅲ 级(即±20%)表示。通常标称容量和允许误差都标在电容器的壳体上，以便识别和选用。

常用电容标称值如表 1-7 所示。

表 1-7　常用电容标称值

单位	标　称　值
pF	39 p　43 p　47 p　51 p　56 p　62 p　68 p　75 p　82 p　91 p　100 p　120 p　150 p　180 p　200 p　220 p　240 p　270 p　300 p　330 p　360 p　390 p　470 p　560 p　620 p　680 p　750 p
nF	1.0　1.2　1.5　1.8　2.2　2.7　3.3　3.9　4.7　5.6　10　15　18　22　27　33　39　56　68　82
uF	0.1　0.15　0.22　0.33　0.47　1.0　(1.5)　2.2

(3) 绝缘电阻(又称漏电电阻)：是指两个电极间绝缘介质的电阻，其大小说明了电容器绝缘性能的好坏。电容器在一定的电压作用下，会有微弱的电流通过介质，造成电能损耗，绝缘电阻越小，漏电流就越大，电能损耗就越多，就会影响电路的正常工作。因此绝缘电阻小的电容器不能选用。

3) 标识方法

电容器一般有 2 种标识方法。

(1) 直标法：主要技术指标直接标注在电容器的表面上。

若数字是不带小数点的整数，则容量单位为 pF。如 2 200 表示 2 200 pF，6 800 表示 6 800 pF。若数字带小数点，则容量单位是 μF。如 0.047 表示 0.047 μF，0.01 表示 0.01 μF 等。用数码表示电容量时，电容量的大小是用第 3 位数字表示有效数字后面零的个数。如 103 表示 10×10^3，即 10^4 pF，10 nF，0.01 μF；223 表示 22×10^3，即 22 000 pF，22 nF，0.022 μF；104 表示 10×10^4，即 10^5 pF，100 nF，0.1 μF。

(2) 文字符号法：用数字和文字符号有规律地组合起来表示电容器的标称容量，并标注在电容器的壳体上。

数字表示有效数值，字母表示数量级。例如 10μ 表示 10 μF 或 10^7 pF 等。字母也表示小数点。如 3μ3 表示 3.3 μF，3p3 表示 3.3 pF，p33 表示 0.33 pF 等。数字前加字母 R，则 R 表示小数点，表示零点几 μF 的电容量。如 R33 表示 0.33 μF，R47 表示 0.47 μF 等。

1.4.4　电感器

电感器一般又称电感线圈，在谐振、耦合、滤波、陷波等电路应用中十分普遍。其基本特征是“阻交通直”。与电阻器、电容器不同的是电感器没有品种齐全的标准产品，特别是一些高频小电感器，通常需要根据电路要求自行设计制作。

1）电感器的类型

电感器的主要类型有空心电感线圈、磁芯电感线圈、铁芯电感线圈，如图 1－38 所示。

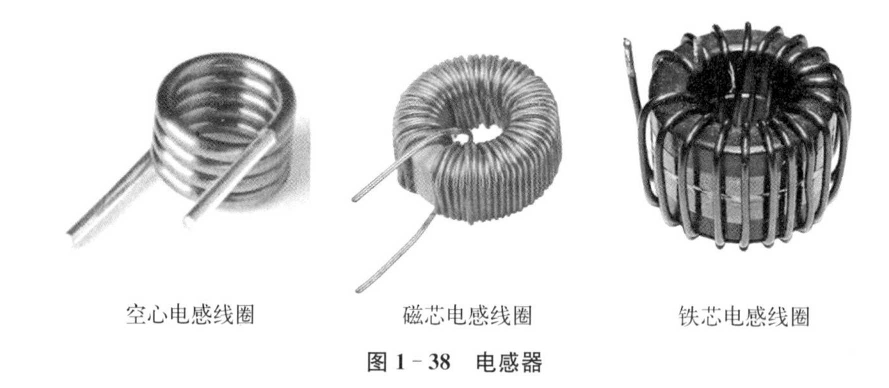

图 1－38　电感器

2）电感器的关键参数

（1）电感及误差。

在没有非线性导体物质存在的条件下，一个载流线圈的磁通与线圈中的电流成正比，其比例常数称为自感系数，用 L 表示，简称自感或电感。电感的大小与电感线圈的匝数、截面积以及内部有没有铁芯或磁芯有很大的关系。在其他条件相同的情况下，匝数越多，电感越大；匝数相同，其他条件不变，则线圈的截面积越大，电感越大；同一个线圈，插入铁芯或磁芯后，电感比空芯时明显增大，而且插入的铁芯或磁芯质量越好，线圈的电感增加得越多。电感的基本单位是亨利（H），常用的有毫亨（mH）、微亨（μH）、纳亨（nH）。同电阻器、电容器一样，商品电感器的标称电感也有一定的误差。常用电感器误差为 5%～20%。

电感的标称值没有一个具体的行业数据规范，大部分厂家借用 E－12（允许偏差 ±10%）和 E－24（允许偏差 ±5%）数组生产，如表 1－8 所示。

表 1－8　电感标称值

参考数组	电感标称值/mH
E－12 系列	1.0　1.2　1.5　2.2　2.7　3.3　4.7　5.6　6.8　8.2
E－24 系列	1.0　1.1　1.2　1.3　1.5　1.6　1.8　2.0　2.2　2.4　2.7　3.0　3.3　3.6　3.9　4.3　4.7　5.1　5.6　6.2　6.8　7.5　8.2　9.1

(2) 固有电容和直流电阻。

线圈匝与匝之间通过空气、绝缘层和骨架而存在着分布电容，此外，屏蔽罩之间，多层绕组的层与层之间、绕组与底板之间也都存在着分布电容。这些分布电容就是固有电容。电感器由导体绕制而成，存在一定的直流电阻。由于固有电容和直流电阻的存在，会使线圈的损耗增大，品质因数降低。

(3) 品质因数。

品质因数 Q 是表示线圈质量的一个参数。它是线圈在某一频率的交流电压下工作时，所呈现的感抗和线圈的直流电阻的比值，用公式表示为

$$Q = 2\pi fL/R = \omega L/R。$$

式中，Q 为线圈的品质因数；f 为频率；L 为线圈的电感；R 为线圈的电阻；ω 为角频率。

当 f、L 一定时，品质因数 Q 就与线圈的电阻 R 有关，R 越大，Q 就越小；反之 Q 就越大。在谐振回路中，线圈的 Q 越高，回路的损耗就越小，因此回路的效率就越高，滤波性能就越好。但 Q 的提高往往受到一些因素的限制，如导线的直流电阻、线圈架的介质损耗、由屏蔽和铁芯引起的损耗，以及在高频工作时的集肤效应等。因此，实际上线圈的 Q 不可能做得很高，通常为数十至一百，最高到四五百。

(4) 额定电流。

额定电流是线圈中允许通过的最大电流，主要是对高频扼流圈和大功率的谐振线圈而言的。

(5) 稳定性。

当温度、湿度等因素改变时，线圈的电感及品质因数便随之而变。稳定性表示线圈参数随外界条件变化而改变的程度。

线圈产生几何变形、温度变化，从而引起固有电容和漏电阻损耗增加，都会影响电感线圈的稳定性。电感线圈的稳定性通常用电感温度系数 αL 和不稳定系数 βL 两个量来衡量，它们越大，表示稳定性越差。

3) 电感器的标注方法

电感器的标注方法类似于电阻，通常用 4 位数字或字母表示，前两位表示有效数字，第三位表示有效数后零的个数，小数点用 R 表示，单位为 μH，最后一位英文字母表示误差范围(具体含义参见电阻的标注方法)。如 220 K 表示 22 μH，精度 10%；8R2J 表示 8.2 μH，精度 5%。

1.4.5　晶体二极管

晶体二极管是一种用途很广的半导体元件。内部结构实际上就是一个 PN 结，再加上相应的正负极引线，用玻璃、塑料或者金属管壳封装而成。它是一种非线性元

件，具有单向导电性。因此常用作整流和检波元件。

1）晶体二极管的类型

晶体二极管的图形符号及外形如图1-39所示。

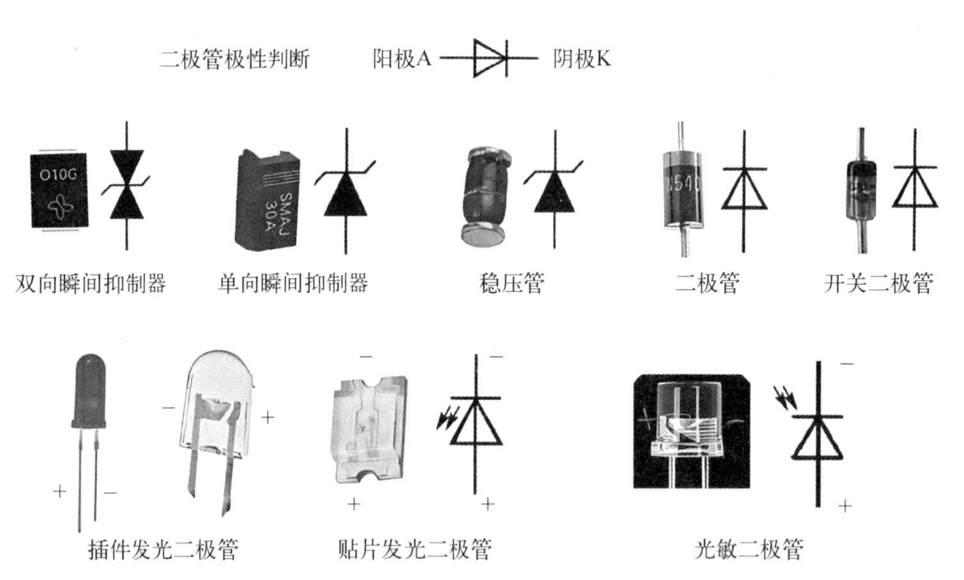

图1-39　晶体二极管的图形符号及外形

（1）瞬间抑制器：正常工作时，瞬间抑制器处于高阻抗状态。当瞬时正向电压超过其击穿电压时，它会提供一个低阻抗路径，将瞬时电流引导到地线，从而保护电路。

（2）稳压管：正常工作时，稳压管处于反向偏置状态。当反向电压超过其击穿电压时，它会形成一个固定的电压，从而稳定电压。

（3）二极管：一般有硅管和锗管，硅管的正向导通电压为0.6～0.7 V，锗管的正向导通电压为0.2～0.3 V。

（4）开关二极管：其由导通变为截止或由截止变为导通所需的时间比普通二极管短，类似于电路上的开关，多用于计算机和开关电路中。

（5）发光二极管：简称LED，有插件型和贴片型，可将电能转化为光能，在照明、显示器和医疗等行业有广泛的用途。

（6）光敏二极管：又称光电二极管，可将光能转化为电流或者电压。其对光的变化非常敏感，光强不同的时候会改变电学特性，可以作为光探测器。

2）二极管的关键参数

（1）最大允许电流：是指在长期安全工作条件下允许通过的最大正向电流值。如果超过额定值运用，二极管发热太多，就会烧坏PN结，导致二极管很快损坏。

（2）最高反向工作电压：是指允许加在二极管上的反向电压的最大值。如果超过此值，二极管就有击穿的危险。它反映了二极管反向电压的承受能力。

1.4.6　晶体三极管

晶体三极管是电子电路中的重要元件。它由两个做在一起的 PN 结引出电极引线并封装而成。

1）晶体三极管的类型

晶体管的种类按导电特性(材料极性不同)可分为 PNP 型和 NPN 型,如图 1-40 所示。三极管最基本的特点是具有放大作用,用它可以组成高频、低频放大电路及振荡电路,广泛地应用在收音机、扩音机、录音机、电视机和其他各种半导体电路中,外形如图 1-41 所示。

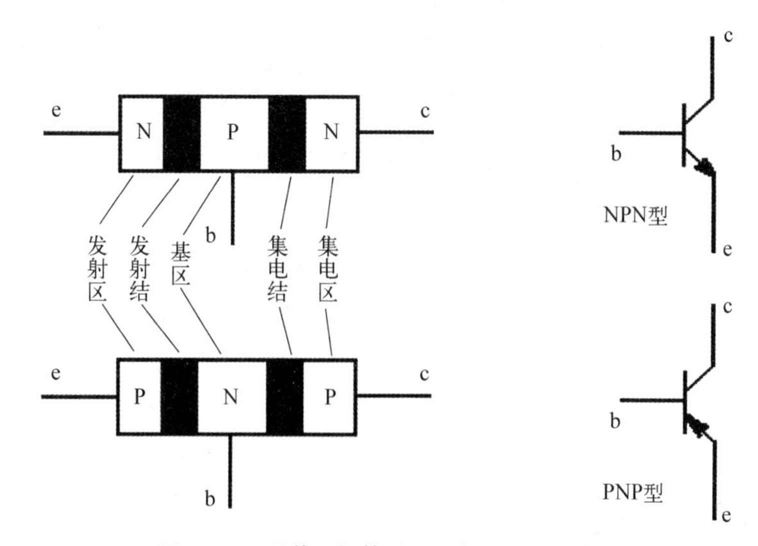

图 1-40　晶体三极管原理示意图及图形符号

图 1-41　晶体三极管的类型

(1) 双极性结型晶体管(BJT):有 3 个端子,分别是基极、集电极和发射极。BJT 是一种电流控制装置,利用基极端的输入电流来控制输出电流。

(2) 结型场效应晶体管(JFET):有 3 个端子,分别是栅极、漏极和源极。JFET 是一种电压控制装置,利用电场来控制电流,适用于高频放大器等需要高输入阻抗和低噪声的场合。

(3) 金属氧化物半导体场效应管(MOSFET):有 3 个端子,分别是栅极、漏极和源极。MOSFET 是一种电压控制装置,利用电压来控制电流,适用于功率放大器等需要高性能和高功率的场合。

此外还有光敏三极管、光耦合器、达林顿管(复合管)等特殊结构的半导体器件,结构如图 1-42 所示。

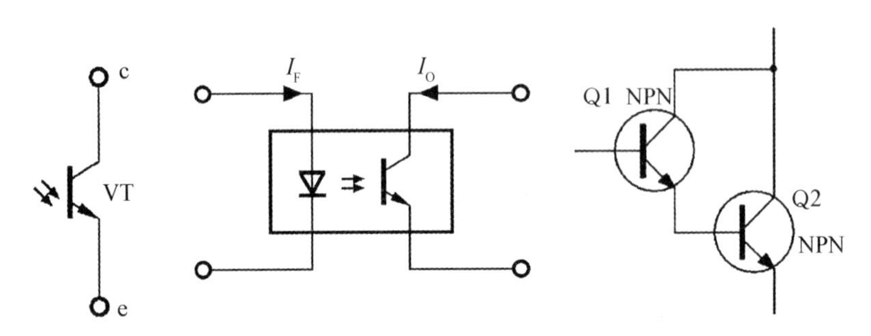

图 1-42　光敏三极管、光耦合器和达林顿管

2) 三极管的关键参数

(1) 放大系数:是指在放大状态下的电流放大倍数,决定了三极管对输入信号的放大能力。在实际应用中如果设置的放大倍数过高,会影响其放大效果,通常设置在 1 000 倍以下。

(2) 最大允许输出电流:这个参数决定了三极管的最大功率,要结合加在输出端的电压值进行计算,超过此最大允许输出电流会损坏三极管。

1.4.7　其他常用元器件

1) 可控硅(晶闸管,SCR)

晶闸管因其导通压降小、功率大、易于控制、耐用,所以常用于各种整流电路、调压电路和大功率自动化控制电路上。单向晶闸管只能导通直流,且 G 极需加正向脉冲时导通,若需要其截止则必须接地或加负脉冲。双向晶闸管可导通交流和直流,只要在 G 极加入相应的控制电压即可。

2) 继电器(relay)

继电器是自动控制电路中常用的一种元器件。它是用较小的电流来控制较大电流的一种自动开关,在电路中起着自动操作、自动调节、安全保护等作用。分为直流继电器、交流继电器、舌簧继电器、时间继电器和固体继电器。

功能类似的还有断路器(breaker)、接触器(contactor)、投切开关(switch)等低压电器。

3) 变压器

变压器是利用多个电感线圈产生互感作用的元件。其实质上也是电感器,它在电路中常起变压(如电源变压器 50 Hz)、耦合(如高频变压器 100 kHz 以上)、阻抗匹配(如音频变压器 0.02～20 kHz,人的听力范围,推挽电路)、选频(如中频变压器 10～100 kHz)等作用。

变压器主要由铁芯和线包组成,铁芯是由磁导率高、损耗小的软磁材料制成。低频变压器的铁芯常用硅钢片组合而成,中高频变压器的铁芯常用高磁导率的铁氧体构成。常见变压器铁芯结构形式有:EI 形铁芯、口形铁芯、F 形铁芯、C 形铁芯和环形铁芯。线包主要由一次绕组、二次绕组和骨架构成。EI 形铁芯变压器结构如图 1－43 所示。

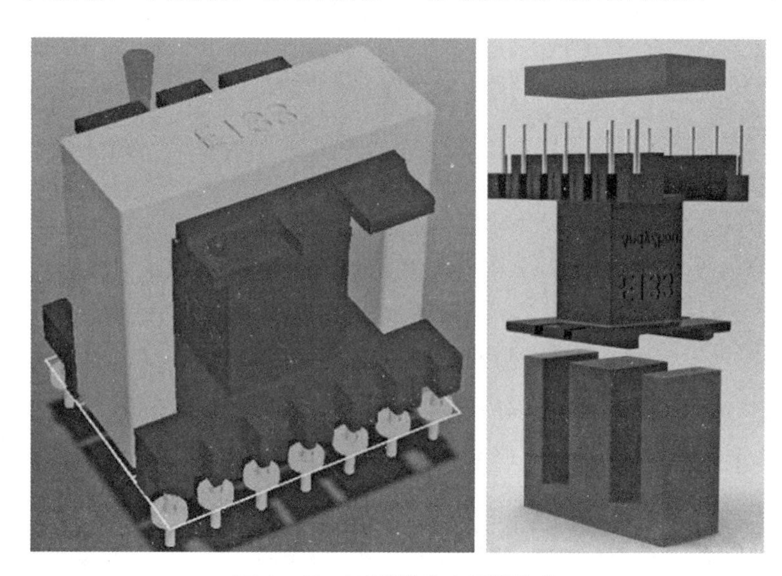

图 1－43　EI 形铁芯变压器结构

4) 电声器件

电声器件是指用于声电转换的器件。常见的有传声器(话筒,转化成音频电信号)、模拟声音传感器(转化成随声音变化的直流电压)、扬声器(喇叭)、耳机、蜂鸣器(讯响器)等。

5) 集成电路(IC)

采用光刻、蚀刻或者薄膜沉积等工艺,把电阻、电容、电感、二极管和晶体管等元器件及布线互连在一起,制作在半导体晶片上,然后封装在一个管壳内,成为具有所需电路功能的微型电子器件,即集成电路。

(1) 常见的一些集成电路。

处理器(CPU)有 80×86 和奔腾系列。

数字处理器(DSP)有 TMS320F2812。

稳压电源有 78/79 系列和 LM317(可参见第 4 章)。

振荡器有时基电路 NE555(可参见第 5 章)。

运算放大器有 NS 公司的 LM324 系列(可参见第 6 章)。

功率放大器有 2822(可参见第 7 章)。

单片机(MCU、SCM)有 MCS51,AVR,PIC,ARM 系列(可参见第 8 章)。

数字逻辑芯片有 TI 公司的 SN74LS 系列。

模拟开关有 CD4017 系列。

电平转换电路有 CD4000 系列(低速 CMOS)、74LS 系列(TTL - TTL)、74HC 系列(CMOS - CMOS)和 74HCT 系列(TTL - CMOS)。需要注意的是 5 V 电源的 CMOS 可以驱动 TTL 电平,但 TTL 电平不能驱动 5 V 电源的 CMOS,如图 1 - 44 所示。

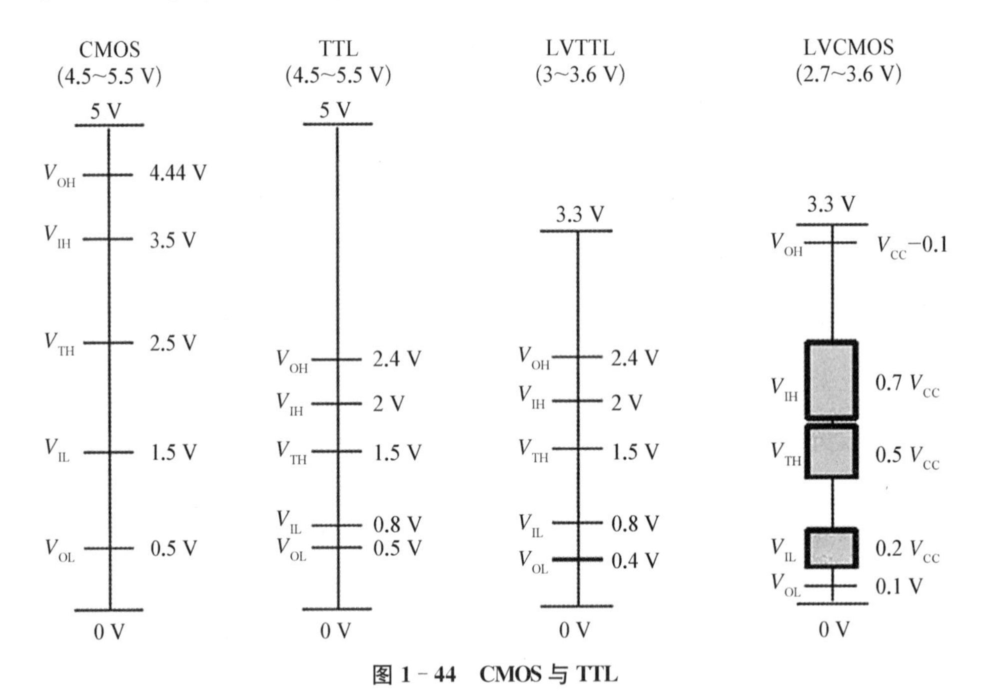

图 1 - 44　CMOS 与 TTL

无线通信集成电路有基于 WiFi/BlueTooth/ZigBee 协议的多种芯片,无线频段范围参见电磁波谱图(见图 1 - 45)。

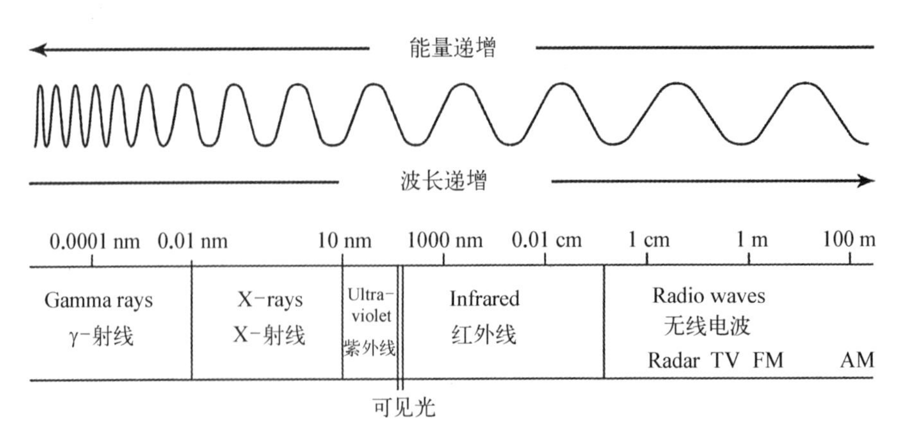

图 1 - 45　电磁波谱图

(2) 集成电路封装。

封装(package)是把集成电路装配为芯片最终产品的过程,简单地说,就是把厂家生产出来的集成电路裸片(die)放在一块起到承载作用的基板上,把管脚引出来,然后固定包装成一个整体。

如图1-46所示,封装大致经过了如下发展进程:TO→DIP→PLCC→QFP→BGA→CSP;其中TO是晶体管外形(transistor outline),DIP是双列直插封装(dual in-line package),PLCC是带引线的塑料芯片载体(plastic leaded chip carrier),QFP是方形扁平封装(quad flat package),BGA是球栅阵列封装(ball grid array),CSP是芯片尺寸封装(chip scale package),其内核面积与封装面积基本相同,比例约为1.1∶1,凡是符合这一标准的封装都可以称为CSP,并不涉及具体的封装技术,有些BGA设备稍加修改即可完成CSP焊接。

图1-46　多种芯片封装模式

1.5　焊接训练

焊接也称熔接或镕接,是一种以加热、高温或者高压的方式接合金属或其他热塑性材料的方法,如塑料的制造工艺及技术。通过焊接工艺训练,学生可以修复电子设备、制作原型、连接实验电路,而且焊接工艺训练还是进一步学习和从事高级电子工作的基础。

1.5.1　焊接方法

依据焊接过程中金属所处的状态及工艺的特点,可以将焊接方法分为熔焊、压焊和钎焊3大类。

(1) 熔焊:加热欲接合的工件使之局部熔化形成熔池,熔池冷却凝固后便接合,必要时可加入熔填物辅助。其常用的有激光焊、气焊、电弧焊、气电焊、等离子弧焊、电渣焊、电子束焊等。高校的“金工实习”中使用的焊接技术是电弧焊。

(2) 压焊:焊接过程中对焊件施加压力,使其产生塑性变形或融化,通过再结晶或扩散等作用,使焊件连接的方法。其常用的有电阻焊和超声波焊接等。超声波焊接适于焊接大多数热塑性塑料。

(3) 钎焊：通过加热和熔化填充物(合金)来连接两种金属，填充物(合金)与两块金属结合并将它们连接起来，所以填充物的熔化温度必须低于金属件的熔化温度。其常用的有火焰钎焊、电阻钎焊、感应钎焊等。

钎焊可以连接不同的金属，例如铝、银、铜、金和镍。钎焊时经常使用助焊剂，它是一种促进润湿的液体。让填料流过待连接的金属部件，不但可以清除氧化物部件，还可以使填料与金属部件更紧密地结合。此外，助焊剂还可用于焊接时清洁金属表面。钎焊对连接的金属部件的影响也很小，钎焊填充物可以比被连接的部件更坚固，但钎焊效果不如焊接坚固。

在电子实习中常采用锡焊，它是一种低温钎焊，适合在低于 840 ℉(449 ℃)的条件下进行钎焊，可以连接的金属包括金、银、铜、黄铜和铁等。

1.5.2 考核要求

1) 电气性能良好

高质量的焊点应是焊料与工件金属界面形成牢固的合金层，能保证良好的导电性能。不能简单地将焊料堆附在工件金属表面而形成虚焊，这是焊接操作中的大忌。

2) 焊点不应有毛刺、空隙

这对于高频、高压设备极为重要，因为高频、高压电子设备中，电路的焊点如果有毛刺，将会发生尖端放电。同时焊点表面存在毛刺、空隙，除影响导电性能外，还影响美观。

3) 焊点上的焊料要适量

焊点上的焊料过少，不仅会降低机械强度，而且由于表面氧化层逐渐加深，还会导致焊点早期失效。焊点上的焊料过多，既增加成本，又容易造成焊点桥连(短路)，还会掩盖焊接缺陷，所以焊点上的焊料要适量。印制电路板焊接时，焊料布满焊盘呈裙状展开时最为适宜。

4) 具有一定的机械强度

焊点的作用是连接两个或两个以上的元器件，并使电气接触良好。电子设备有时要工作在振动的环境中，为使焊件不松动或不脱落，焊点必须具有一定的机械强度。锡铅焊料中锡和铅的强度都比较低，有时在焊接较大和较重的元器件时，为了增加强度，可根据需要增加焊接面积，或将元器件引线、导线先行网绕、绞合、钩接在接点上再行焊接。因此采用锡焊的焊点一般都是一个被锡铅焊料包围的接点。

5) 焊点表面应光亮且均匀

良好的焊点表面应光亮且色泽均匀，不应有凸凹不平、波纹状和光泽不均的现象。如果使用了消光剂，则对焊接点的光泽不做要求。

6）焊点表面必须清洁

焊点表面的污垢，尤其是助焊剂的有害残留物质，如果不及时清除，酸性物质会腐蚀元器件引线、接点及印制电路，吸潮后会造成漏电甚至短路燃烧等现象，从而带来严重隐患。

以上是对焊点的质量要求，可以作为检验焊点的标准。合格的焊点与焊料、助焊剂、焊接工具、焊接工艺、焊点的清洗等都有直接的关系。

第 2 章

芯片数据手册分析方法

现代电子技术发展迅速,其制造工艺也是日新月异,不同的电子元器件和不同的制造工艺会形成不同的电子产品,但设计的基本流程一般包含:设计方案、查询和阅读数据手册、电路仿真、原理图绘制、制板、焊接、调试、测试等。本章学习电子设计及制造工艺中的第一项技能:查询和阅读数据手册。

2.1 为什么使用数据手册

我们在学习完电类基础知识后,可根据项目要求进行电子设计。电子设计流程包含根据项目需求查找资料、电路仿真和制板、具体项目制作和调试、测试等。本章将介绍电子设计的第一步——根据开发需求查找资料。

先选定所需的器件型号,再明确相关参数,而且在后续开发时如果遇到问题,则需要多次返回确认具体的细节参数是否满足需求。这就需要用到电子元器件或产品的数据手册(datasheet),也叫技术规格书(specification, SPEC),通常由生产厂家提供。数据手册中包含了有关该元器件或产品的详细信息,包括性能参数、电气特性、尺寸、引脚配置、应用电路等。对于电子工程师、电子爱好者或维修人员来说,学会使用数据手册是非常重要的。

2.2 如何使用数据手册

下面是使用数据手册的步骤。

1) 确定元器件或产品型号

首先,需要确定使用的元器件或产品型号。这通常可以通过查阅电路图找到。如果没有这些信息,可以尝试使用元器件或产品标识符号进行搜索。

2）查找数据手册

一旦知道了元器件或产品型号，就需要查找相应的数据手册。这通常可以通过电子元器件供应商的网站或搜索引擎来找到。在查找时，要确保获得的数据手册是最新的版本。

3）阅读数据手册

一旦获得了数据手册，就需要仔细阅读其中的内容。应该从以下几个方面来了解该元件或产品。

（1）性能参数：查看元器件或产品的主要性能指标，例如电压、电流、频率、速度、容量等。

（2）电气特性：查看元器件或产品的电学特性，例如输入输出电阻、漏电流、温度系数等。

（3）引脚配置：查看该元器件或产品的引脚排布和功能，以便正确连接。

（4）应用电路：查看元器件或产品的典型应用电路图，以及适用的应用场景。

（5）工作条件：查看该元器件或产品的工作条件要求，例如温度范围、工作电压、电源类型等。

要有目的地去阅读数据手册，先明白自己的需求，再通读相应的内容，然后提取正确的信息。

4）应用数据手册

在使用电子元器件或产品时，必须按照数据手册的指导进行操作。比如在连接引脚时，要严格按照数据手册上的引脚布局来接线，并仔细确认每根引脚的连接是否正确；在运用电路时，要参照数据手册上的典型应用电路图，并结合实际情况做出相应的调整；在挑选元器件或产品时，要参照数据手册上的性能参数和电气特性来挑选合适的元器件或产品。

总的来说，使用数据手册是从事电子元器件或产品设计、维修和运用工作中不可或缺的环节。通过正确地阅读和使用数据手册，可以更加准确地理解和应用电子元器件或产品，从而提高工作效率和产品品质。

2.3　数据手册使用案例

在看数据手册时，可分为两步：先整体，再局部，并使用结构化的逻辑来针对性地阅读。先在整体上把数据手册进行模块分类，然后对重要的模块认真阅读。下面以项目 C 里用到的芯片 LM324AD 为例进行阅读方法的讲解。

首先看封面，包含标题、主要特性、基本功能、封装图和环境温度范围。如图 2-1 所示，标题是 LM324A；主要特性一般是用概括性的语句给出器件的特点，即低功耗四运算放大器。如图 2-2 所示为芯片的基本功能,可以看到芯片的供电方式和电压范围。封装图如图 2-3 所示,选用的是双列直插式的封装方式。还可以查到芯片的环境温度为 0~70 ℃,如图 2-4 所示。

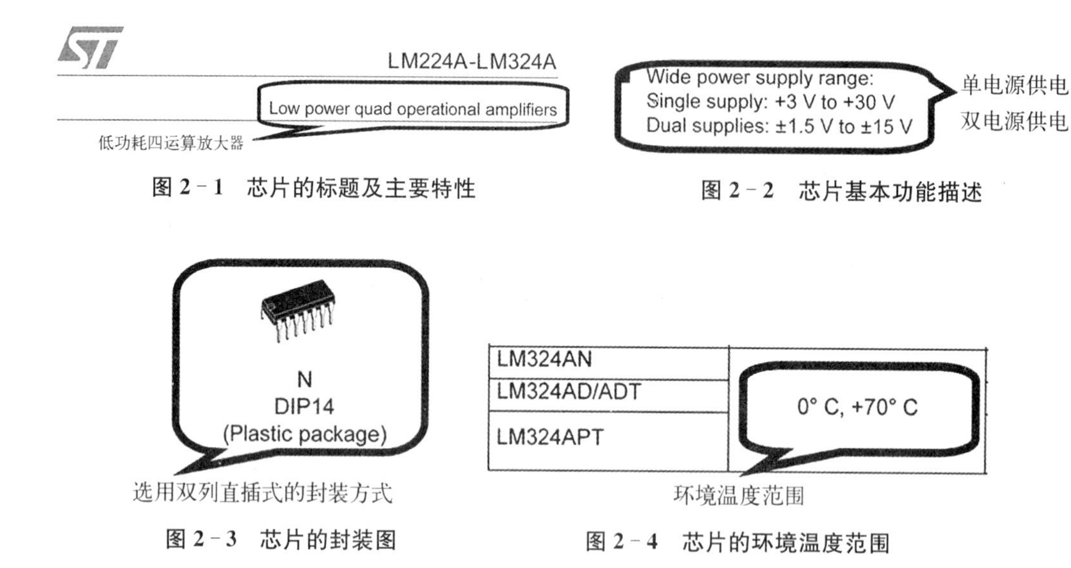

图 2-1 芯片的标题及主要特性

图 2-2 芯片基本功能描述

图 2-3 芯片的封装图

图 2-4 芯片的环境温度范围

如果对芯片要求不高,那么封面页提供的参数信息已经能满足我们的要求。想进一步了解芯片就要按照目录查看重要部分,来提高自己的搜索效率。如图 2-5 所示,从芯片的数据手册目录中可以看出,手册包含以下内容:引脚连接和原理图、绝对最大额定值、电气特性、典型单电源应用、宏观模型、封装机械数据、数据手册的历史版本。

Contents

1. 引脚连接和原理图
2. 绝对最大额定值
3. 电气特性
4. 典型单电源应用
5. 宏观模型
6. 封装机械数据
7. 数据手册的历史版本

图 2-5 数据手册目录

如图 2－6 所示为芯片的引脚连接图，4 个运放引脚都有标记，需要特别注意的是单电源和双电源的接线方式。如图 2－7 所示为芯片内部一个运放的原理图，具体原理讲解可以参看《电子技术基础——模拟部分》一书。

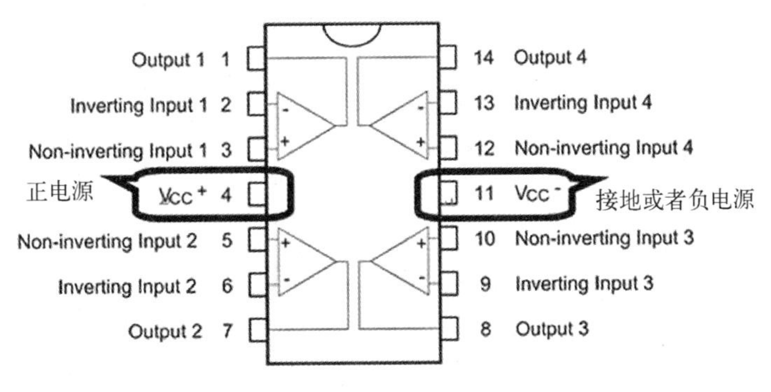

图 2－6　芯片引脚连接图

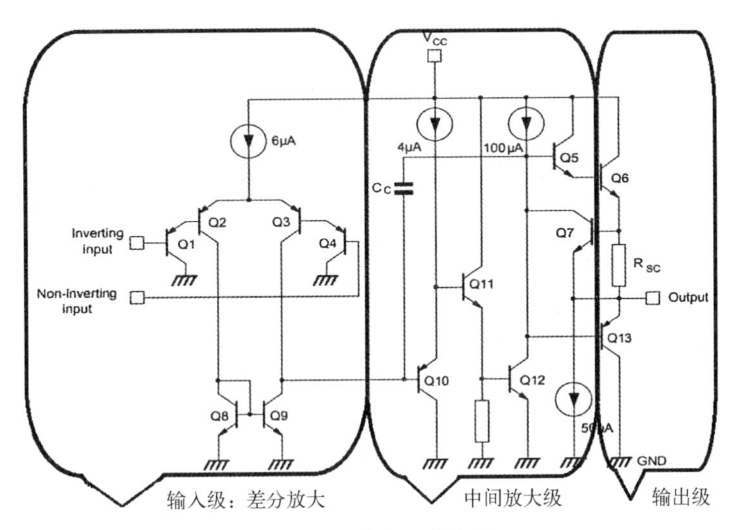

图 2－7　芯片中运放的原理

如图 2－8 所示，绝对最大额定值表格里介绍了绝对电气特性，也就是极限工作条件，设计需要严格查看条件和数值，以防在使用时损毁芯片。从数据中可以看到，LM324AD 芯片双电源方式下的电压范围是－16～16 V，单电源方式下电压最大是 32 V，差模输入电压是 32 V。

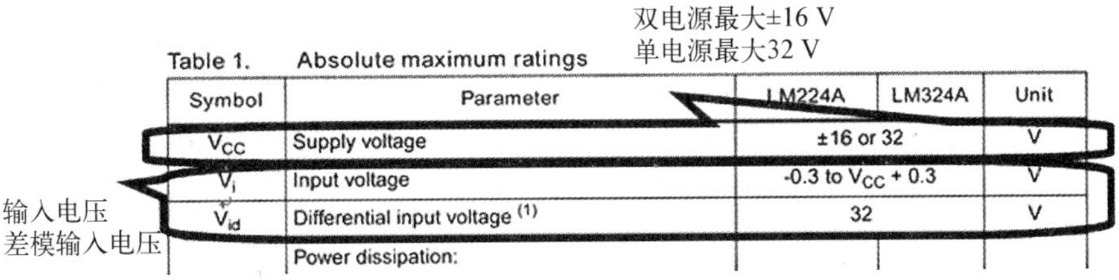

双电源最大±16 V
单电源最大32 V

Table 1.　Absolute maximum ratings

Symbol	Parameter	LM224A	LM324A	Unit
V_{CC}	Supply voltage	±16 or 32		V
V_i	Input voltage	-0.3 to V_{CC} + 0.3		V
V_{id}	Differential input voltage (1)	32		V
	Power dissipation:			

输入电压
差模输入电压

图 2－8　绝对电气特性

如图 2－9 所示为输入电压的范围。需要注意的是，当输入正电压信号时，要小于电源电压。例如正电源采用 15 V 供电的话，输入电压要在 13 V 以下。

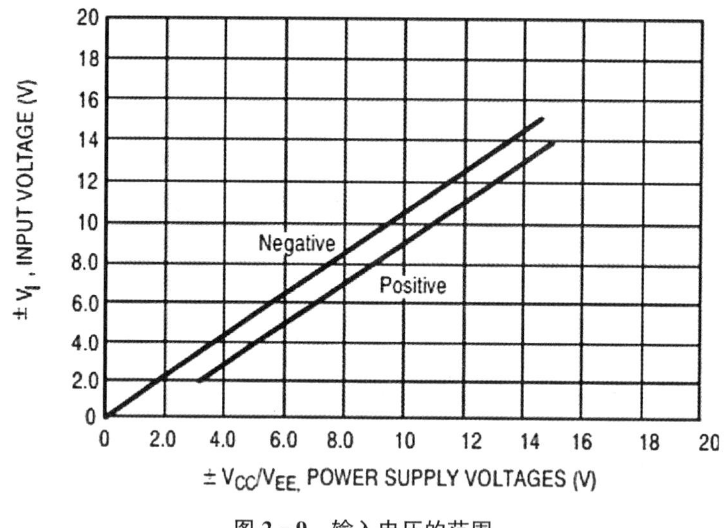

图 2－9　输入电压的范围

如图 2－10 所示的数据涉及绘制印刷电路板（PCB）图和焊接时的引脚距离。相邻的两个引脚中心距离是英制的 0.1 inch，即 2.54 mm。

Plastic DIP-14 MECHANICAL DATA

DIM.	mm.			inch		
	MIN.	TYP	MAX.	MIN.	TYP.	MAX.
a1	0.51			0.020		
B	1.39		1.65	0.055		0.065
b		0.5			0.020	
b1		0.25			0.010	
D			20			0.787
E		8.5			0.335	
e		2.54			0.100	
		15.24			0.600	
			7.1			
I			5.1			0.201
L		3.3			0.130	
Z	1.27		2.54	0.050		0.100

绘制印刷电路板的引脚间距

注意区分公制和英制

图 2－10　机械数据

如图 2－11～图 2－13 所示为不同封装下的芯片尺寸图。图 2－11 为 DIP－14 封装方式，图 2－12 为 SO－14 封装方式，图 2－13 为 TSSOP－14 封装方式。设计时查看封装尺寸图是必要的，可以用来确认芯片的封装类型和大小，也可以评估在单板中使用是否存在布局的风险，在 PCB 里也要有相同的尺寸。封装的最外侧一般会有丝印，印有公司简称和具体型号等内容。

以上通过介绍 LM324A 数据手册中比较重要的模块功能，讲解了阅读数据手册的方法。初学者可以参考典型应用电路，多读多用数据手册，一定会提升自己的电路设计效率。

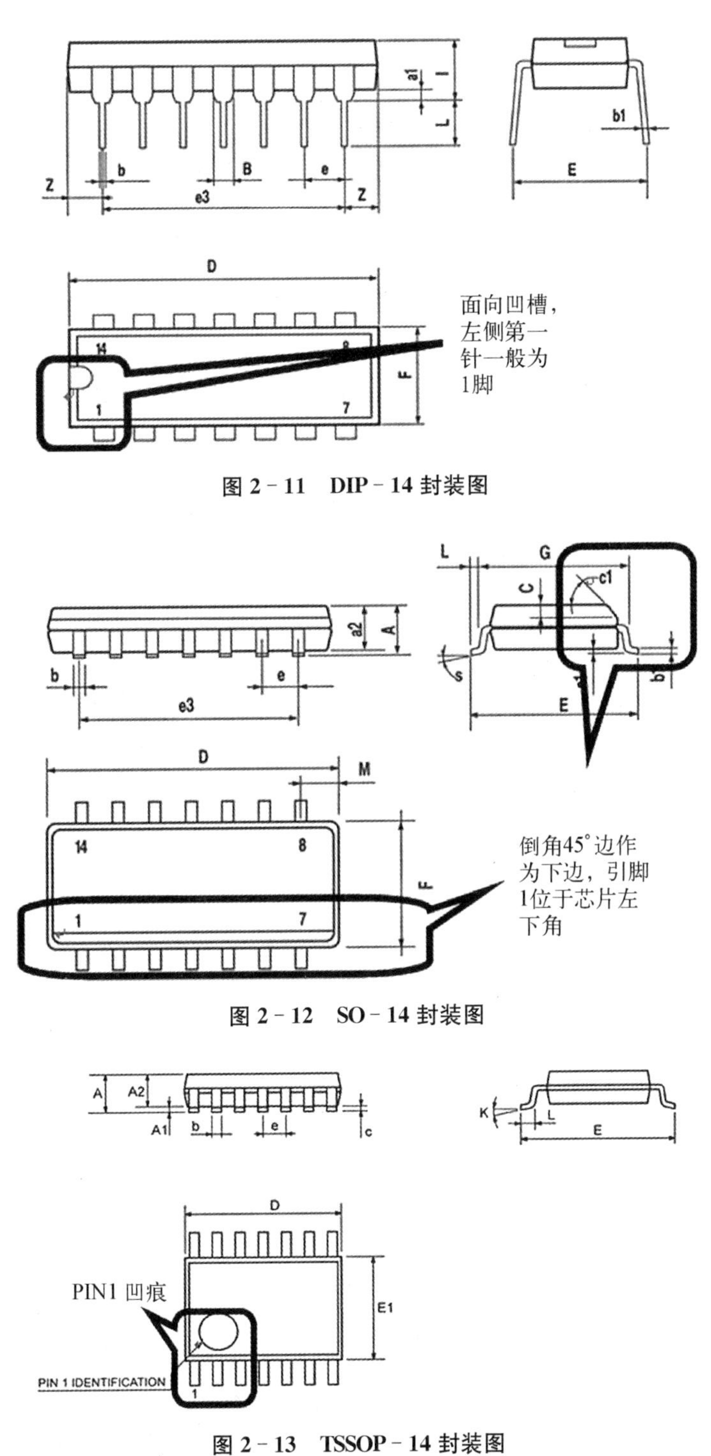

图 2－11　DIP－14 封装图

图 2－12　SO－14 封装图

图 2－13　TSSOP－14 封装图

第 3 章

仿真与印刷电路板设计

利用电子设计自动化(EDA)软件进行电路设计的仿真试验、设计电子电路原理图、设计电子电路印刷电路板(PCB)是电子类专业学生必须掌握的技能。

首先参考教师讲解的电路，进行理论设计和计算，并将计算结果代入仿真软件中进行验证，例如通过 Proteus、Matlab/Simulink、Multisim、Protel、OrCAD/PSPICE 等软件进行仿真验证；再在验证可行后进行原理图绘制和 PCB 绘制。有一些软件是集电子电路功能仿真和分析、原理图设计、印刷电路板设计于一体的电子电路计算机辅助设计软件，学生可以选择自己熟悉或者有偏好的软件进行学习。本教材分别使用 Multisim 软件进行仿真，使用嘉立创 EDA 软件进行原理图和 PCB 绘制。

3.1 电路仿真软件

3.1.1 常用仿真软件介绍

传统的电子线路设计开发，通常需要制作一块试验板或者在面包板上进行模拟试验。如图 3-1 所示，为一位电子爱好者在面包板上搭建的 8 位 CPU，插线众多，连接与调试复杂，既耗时又耗力。

然而，现在的工程师们可以利用仿真软件提供的虚拟电子器件和仪器仪表搭建、仿真和调试电路，从而减少了电路的设计成本和研发周期。

以下是一些常用的仿真软件及其介绍。

(1) PSPICE 是由 SPICE(simulation program with integrated circuit emphasis)发展而来的用于微机系列的通用电路分析程序。SPICE 是由美国加州大学伯克利分校于 1972 年开发的电路仿真程序，适用于电路参数分析。

(2) dSPACE 是德国 dSPACE 公司开发的一套基于 MATLAB/Simulink 的控制系统开发及半实物仿真的软硬件工作平台。

图 3-1　面包板上搭建的 8 位 CPU

(3) Protel 是 Altium 公司推出的软件,可以进行简单的模拟数字电路仿真、强大的 PCB 板设计。Protel 仿真完全兼容 SPICE 模型,可以从器件厂商处获得 SPICE 模型进行仿真,也兼容 OrCAD 等格式。

(4) Multisim 是美国国家仪器有限公司(NI)开发的电路仿真工具,可以交互式地搭建电路原理图,并对电路进行仿真。Multisim 可以进行复杂的模拟/数字电路的仿真、简单的 PCB 板设计、简单的单片机仿真。

(5) Proteus 可以进行直观的模拟/数字电路、单片机、ARM 的仿真,也可以进行简单的 PCB 板设计。

(6) Matlab 功能强大,其子仿真模块 Simulink 主要能仿真电力系统、电机和自动控制等方面的模型。

(7) Saber 仿真软件有丰富的元件库,应用范围广泛。它不仅可以用于电子、电力电路仿真,还可用于机械、光学、控制等不同类型构成的混合系统仿真。

3.1.2　Multisim 14.1 的界面

打开软件 Multisim 14.1,默认是英文界面,如图 3-2 所示。点击"Options",选择"Global Preferences";打开常见功能设置后,点击"General";在"Language"功能栏,可以选择"Zh"(中文)。建议学生使用英文界面,可提高电子专业英语的应用技能。

(1) 设计窗口如图 3-3 所示。

(2) 菜单栏如图 3-4 所示。

(3) 工具栏分为标准工具栏(Standard)、主工具栏(Main)、查看工具栏(View)和仿真工具栏(Simulation)。

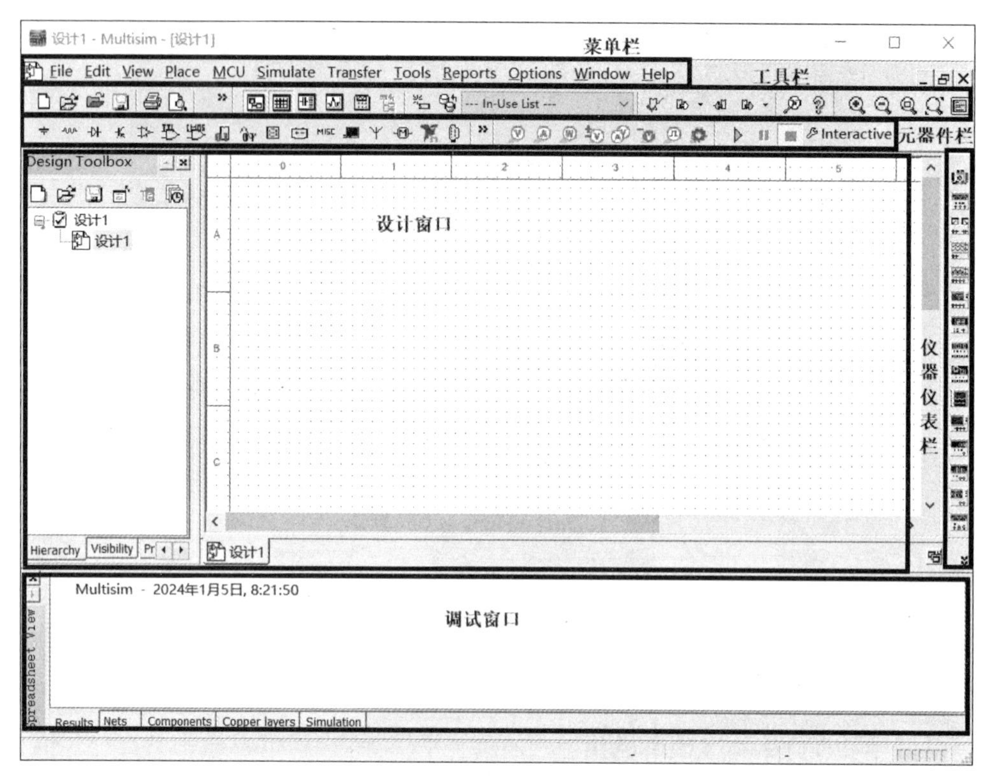

图 3-2　Multisim 14.1 的界面

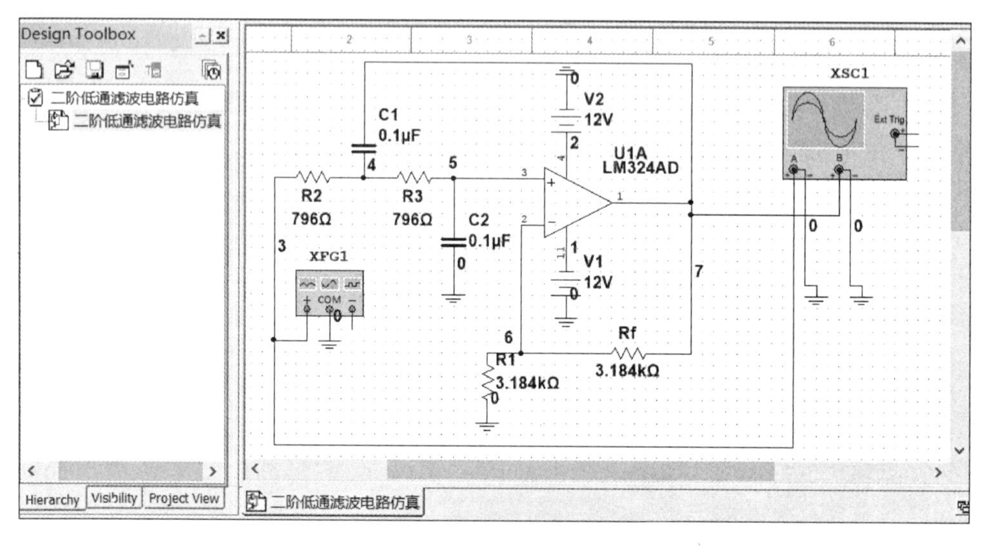

图 3-3　设计窗口

(4) 元器件栏(Components)和仪器仪表栏(Instruments)分别在工具栏下方和右侧方。

图 3－4　菜单栏

3.1.3　元器件的设置

1）基本元器件

基本元器件包括电阻器、电容器、电解电容器、开关、电位器等。在图纸上放置基本元器件的步骤如下。

(1) 点击“Place Basic”(放置基本器件)，如图 3－5 所示。

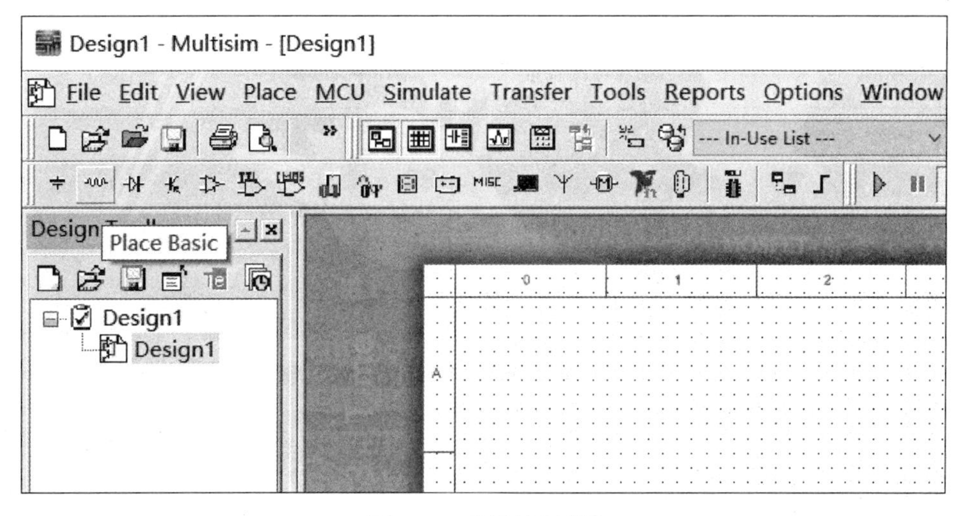

图 3－5　放置基本器件

（2）选择恰当的器件和参数，如图 3-6 所示。

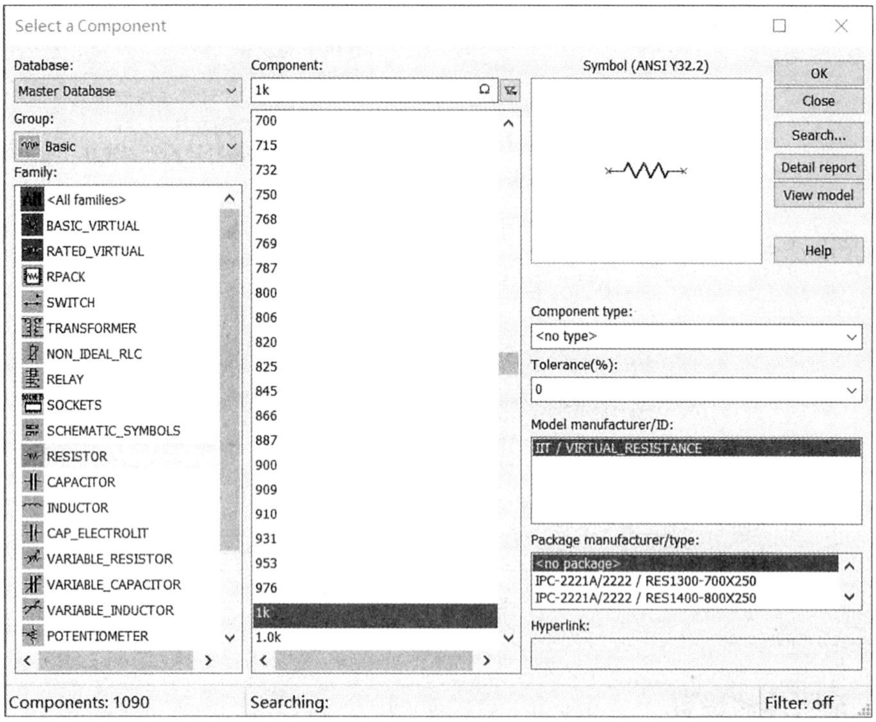

Select a Component
Database:
Master Database
Group:
Basic
Family:
<All families>
BASIC_VIRTUAL
RATED_VIRTUAL
RPACK
SWITCH
TRANSFORMER
NON_IDEAL_RLC
RELAY
SOCKETS
SCHEMATIC_SYMBOLS
RESISTOR
CAPACITOR
INDUCTOR
CAP_ELECTROLIT
VARIABLE_RESISTOR
VARIABLE_CAPACITOR
VARIABLE_INDUCTOR
POTENTIOMETER
Component:
1k
700
715
732
750
768
769
787
800
806
820
825
845
866
887
900
909
910
931
953
976
1k
1.0k
Symbol (ANSI Y32.2)
OK
Close
Search...
Detail report
View model
Help
Component type:
<no type>
Tolerance(%):
0
Model manufacturer/ID:
IIT / VIRTUAL_RESISTANCE
Package manufacturer/type:
<no package>
IPC-2221A/2222 / RES1300-700X250
IPC-2221A/2222 / RES1400-800X250
Hyperlink:
Components: 1090
Searching:
Filter: off

图 3-6　选择器件

（3）此时“Select a Component”窗口关闭，单击鼠标左键将元器件图标放置在电路图图纸的恰当位置上，如图 3-7 所示。

R1
1kΩ
电阻器
C1
1μF
电容器
S1
Key = Space
单刀单掷开关
C2
+
1μF
电解电容器
R2
1kΩ
100 %
Key=A
电位器

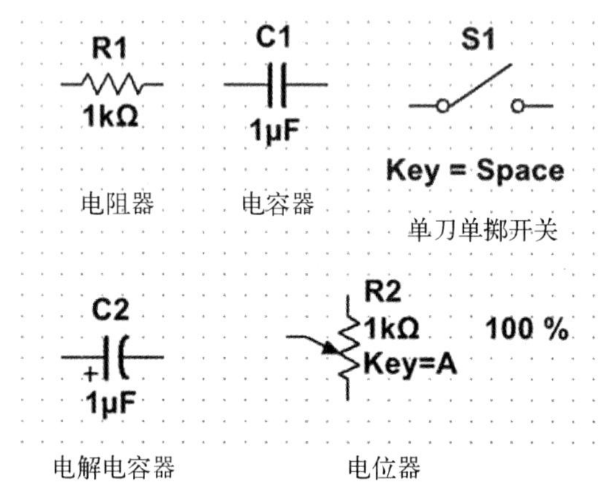

图 3-7　放置元器件在图纸上

（4）这时“Select a Component”窗口会再次弹出，如果不需要放置更多的元器件，关闭弹出的窗口即可。

以下介绍一些基本元器件的操作方法。

a）电解电容器

电解电容器是具有极性的电容，如图3－8所示。使用的时候，电解电容器的正极应与电源的"＋"极相连，负极应与电源的"－"极相连。

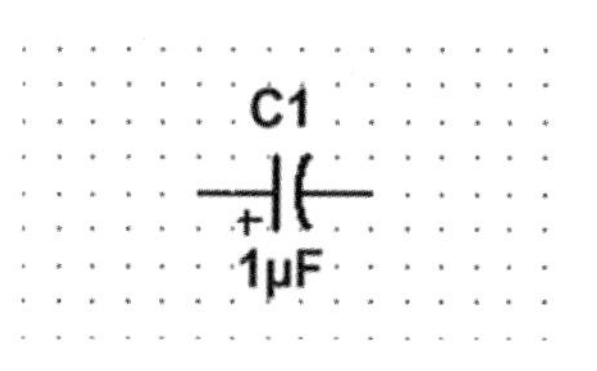

图3－8　电解电容器

修改电容器、电解电容器的电容量：鼠标左键双击元器件的图标，在弹出的窗口中点击"Value"选项卡，如图3－9所示，在"Capacitance(C)："后填写新的电容量，最后点击"OK"。

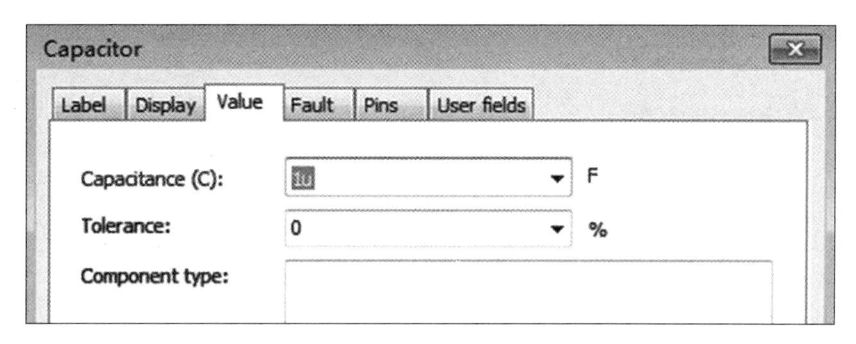

图3－9　修改电容器、电解电容器的电容量

b）开关

选择SPST（单刀单掷开关），如图3－10所示。

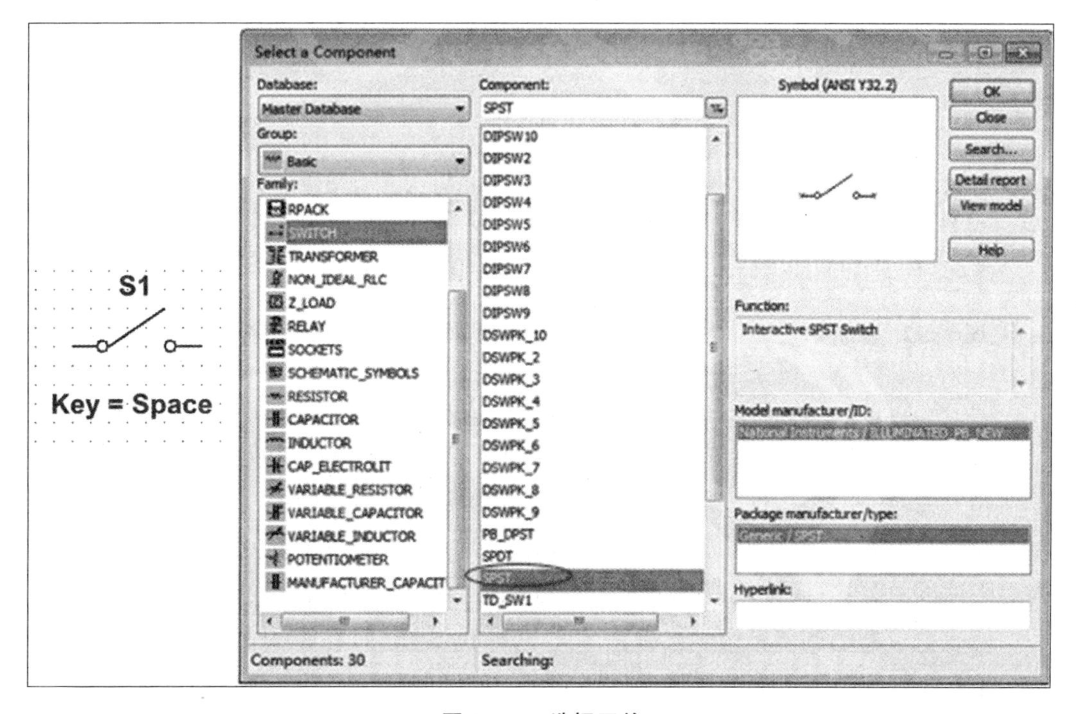

图3－10　选择开关

使用鼠标或快捷键，可以让开关在“打开”和“闭合”两个状态之间切换。

鼠标左键双击开关的图标，这时“SPST”窗口弹出；点击“Value”选项卡；在“Key for toggle”后的下拉菜单中选择快捷键，如图 3－11 所示；点击“OK”。

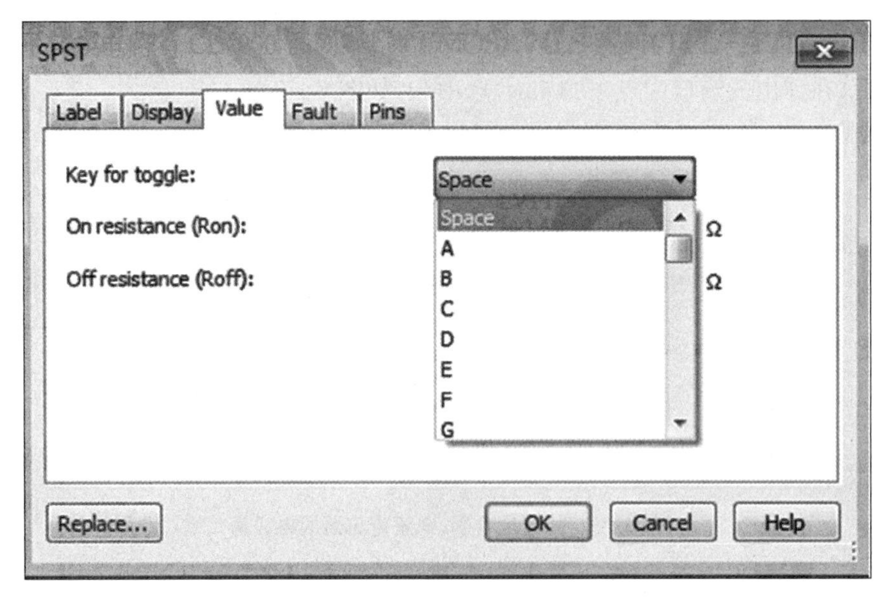

图 3－11　设置切换快捷键

c) 电位器

电位器符号如图 3－12 所示，通过调节电位器，可以改变滑动端和两个固定端之间的电阻。

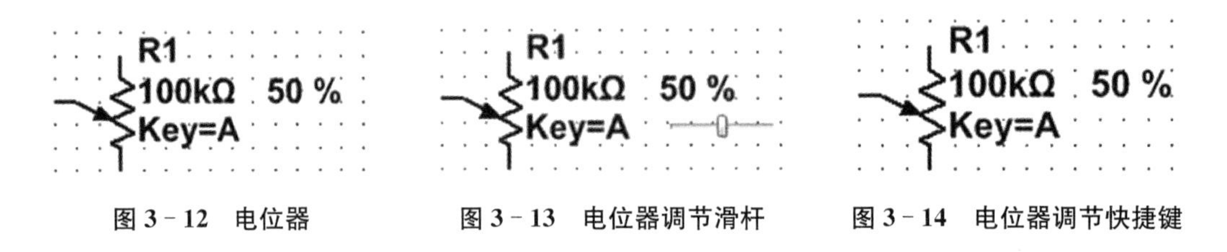

图 3－12　电位器　　图 3－13　电位器调节滑杆　　图 3－14　电位器调节快捷键

调节电位器的第一种方法：将鼠标悬停在电位器上，会出现如图 3－13 所示的滑杆。用鼠标拖动滑杆，便可改变电位器滑动端与两个固定端之间的电阻值。

调节电位器的第二种方法：如果电位器的图标中出现“Key＝A”，如图 3－14 所示，意味着按动“A”键就可以按照固定的增量增加滑动端与下固定端之间的电阻值占总阻值的百分比；而按动“A”键＋Shift 键就可以减小这个百分比。

修改电位器的调节精度：鼠标左键双击电位器图标，在弹出的“Potentiometer”窗口中点击“Value”选项卡，如图 3－15 所示，在“Increment:”后填写新的调节精度，最后点击“OK”。

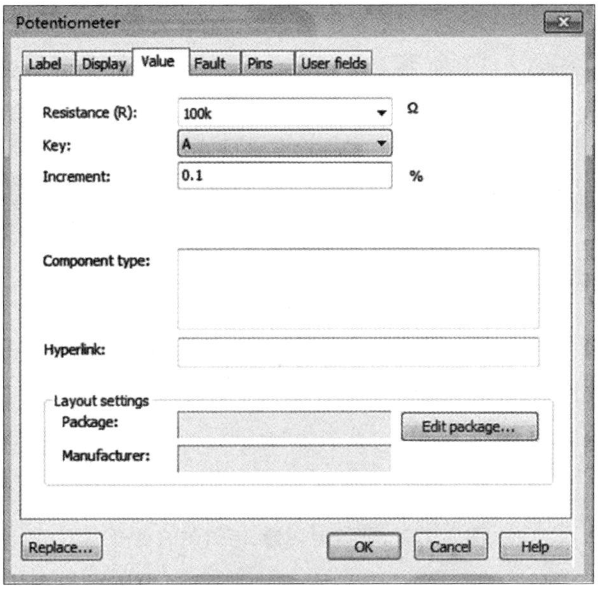

图 3－15　修改电位器的调节精度

修改电位器的快捷键：鼠标左键双击电位器图标，在弹出的“Potentiometer”窗口中点击“Value”选项卡，如图 3－16 所示，在“Key：”后的下拉菜单中选择快捷键，最后点击“OK”。

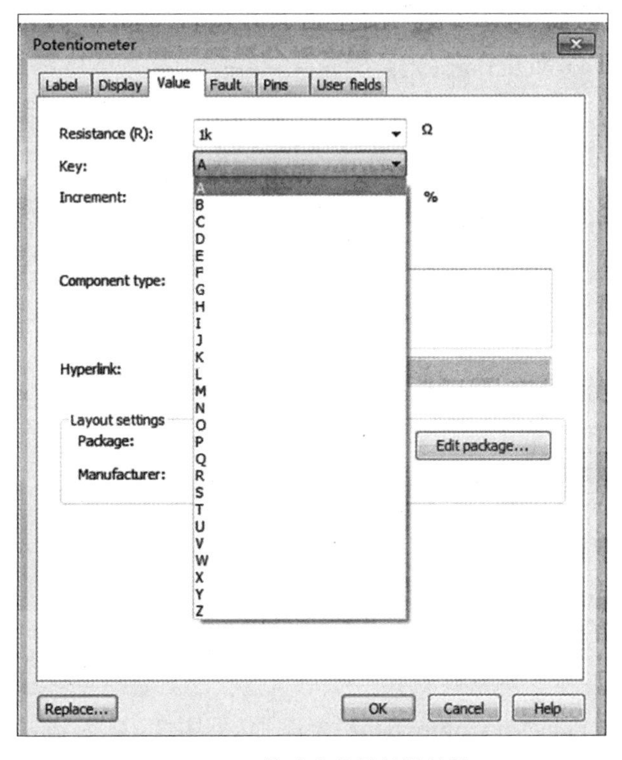

图 3－16　修改电位器的快捷键

修改电阻器、电位器的阻值：鼠标左键双击元器件的图标，在弹出的窗口中点击“Value”选项卡，如图 3－17 所示，在“Resistance（R）：”后填写新的阻值，最后点击“OK”。

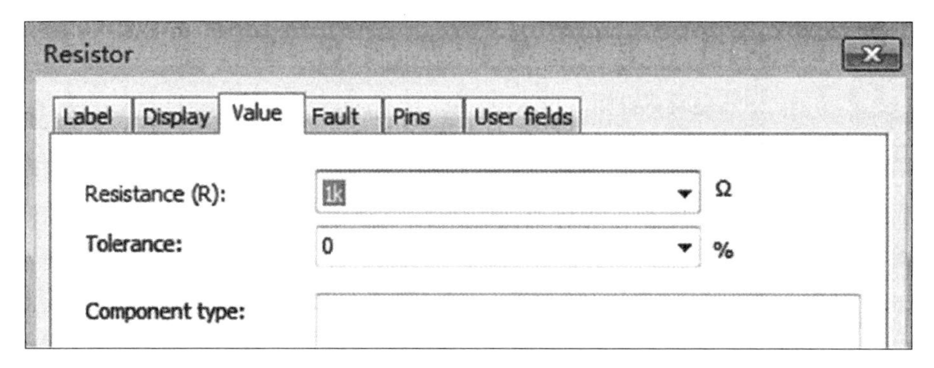

图 3－17　修改电阻器、电位器的阻值

2）二极管和稳压二极管

二极管和稳压二极管的符号如图 3－18 所示，其放置步骤如下。

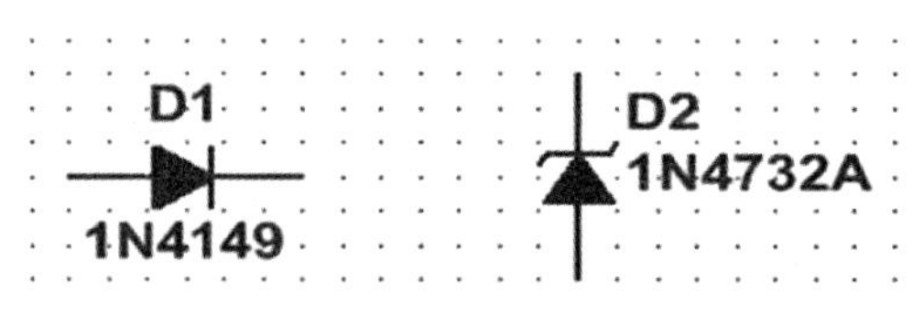

图 3－18　二极管和稳压二极管

（1）点击“Place Diode”（放置二极管），如图 3－19 所示。

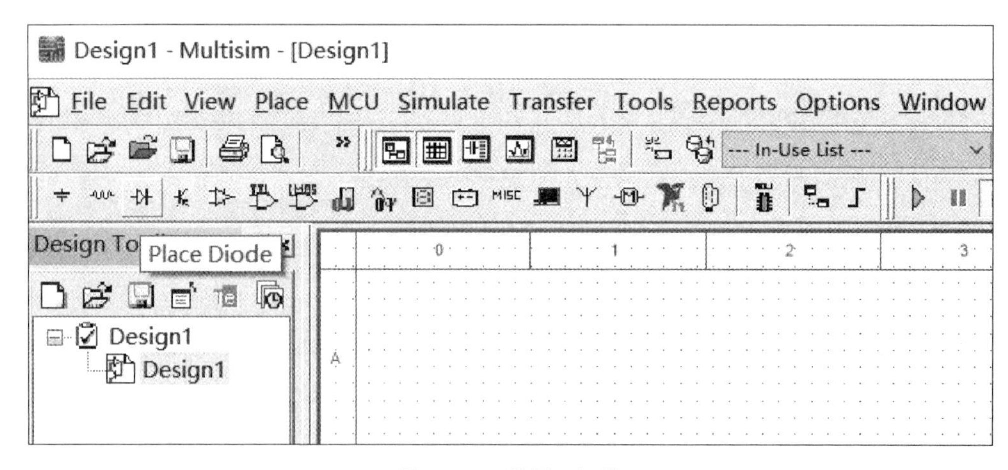

图 3－19　放置二极管

（2）在弹出的“Select a Component”窗口中（见图 3－20），点击“Diode”（二极管）或“ZENER”（稳压二极管），并选择恰当的型号，然后点击“OK”。

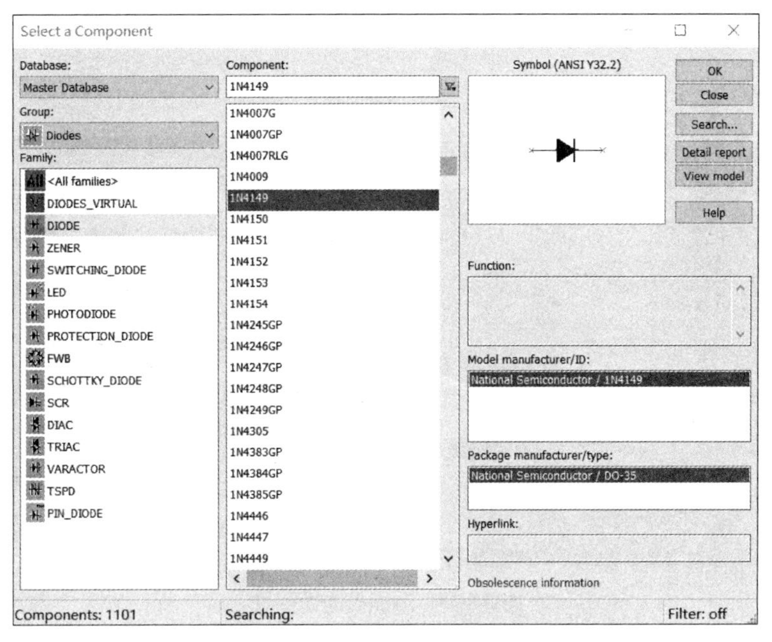

图 3-20　选择二极管型号

(3) 此时“Select a Component”窗口关闭，单击鼠标左键将器件图标放置在电路图图纸的恰当位置上。

(4) 这时“Select a Component”窗口会再次弹出，如果不需要放置更多的元器件，关闭弹出的窗口即可。

3) 晶体管

晶体管的符号如图 3-21 所示，其放置步骤如下。

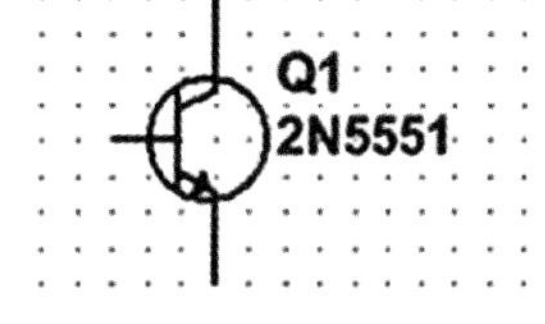

图 3-21　双极型晶体管

(1) 点击“Place Transistor”(放置晶体管)，如图 3-22 所示。

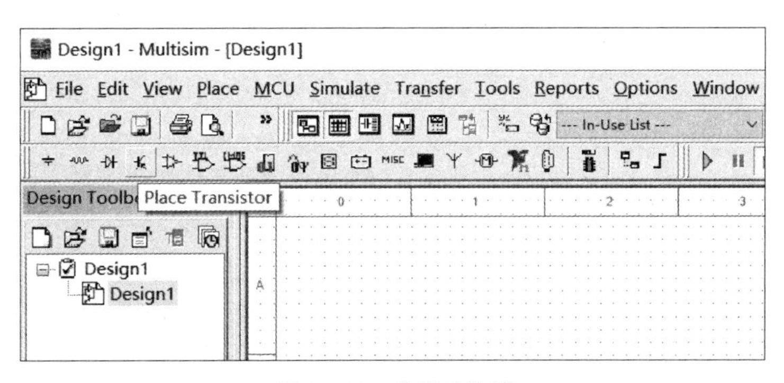

图 3-22　放置晶体管

(2) 在弹出的“Select a Component”窗口中，如图 3-23 所示，选择恰当的元器件和型号，然后点击“OK”。

(3) 此时“Select a Component”窗口关闭，单击鼠标左键将器件图标放置在电路图图纸的恰当位置上。

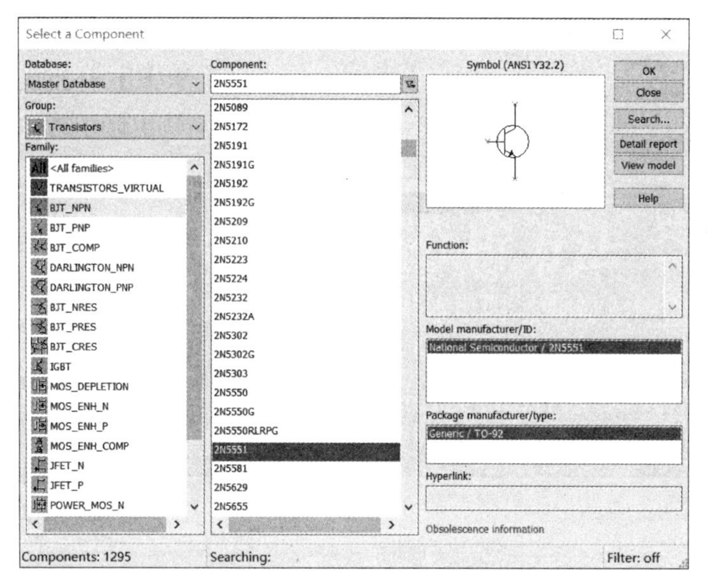

图 3-23　选择晶体管型号

（4）这时“Select a Component”窗口会再次弹出，如果不需要放置更多的元器件，关闭弹出的窗口即可。

修改晶体管模型信息的步骤如下。

（1）鼠标左键双击晶体管 2N5551 的图标，在弹出的“BJT_NPN”窗口中点击“Value”选项卡，如图 3-24 所示，再点击“Edit model”。

图 3-24　晶体管选项卡

(2) 在弹出的“Edit Model”窗口中修改模型的相关信息，如图 3－25 所示。

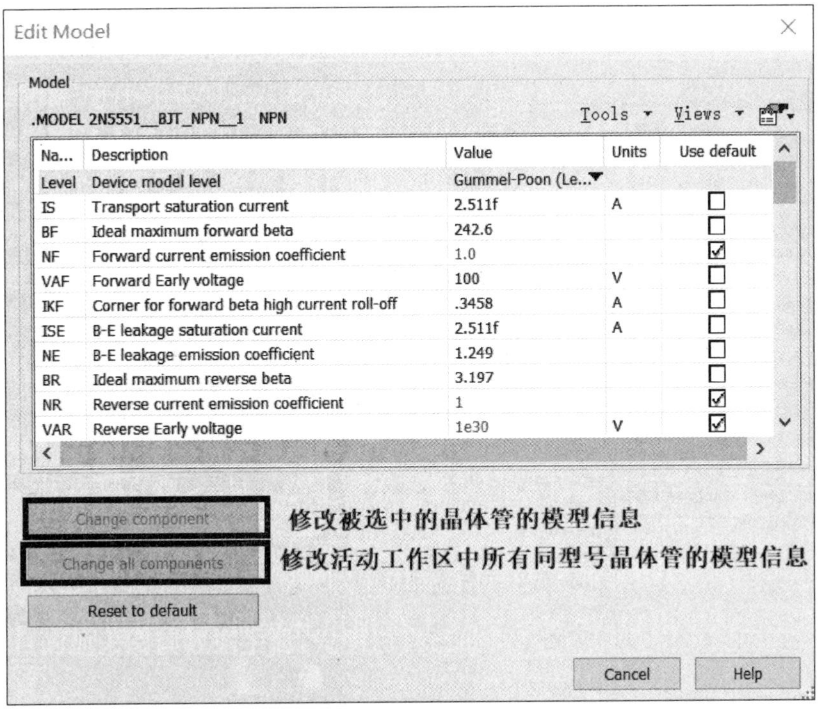

Edit Model

Model

.MODEL 2N5551__BJT_NPN__1 NPN　　Tools　Views

Na...	Description	Value	Units	Use default
Level	Device model level	Gummel-Poon (Le...		
IS	Transport saturation current	2.511f	A	☐
BF	Ideal maximum forward beta	242.6		☐
NF	Forward current emission coefficient	1.0		☑
VAF	Forward Early voltage	100	V	☐
IKF	Corner for forward beta high current roll-off	.3458	A	☐
ISE	B-E leakage saturation current	2.511f	A	☐
NE	B-E leakage emission coefficient	1.249		☐
BR	Ideal maximum reverse beta	3.197		☐
NR	Reverse current emission coefficient	1		☑
VAR	Reverse Early voltage	1e30	V	☑

Change component　修改被选中的晶体管的模型信息

Change all components　修改活动工作区中所有同型号晶体管的模型信息

Reset to default

Cancel　Help

图 3－25　修改晶体管模型信息

(3) 点击“Change component”或者“Change all components”按钮。

4) 集成运算放大器

集成运算放大器简称运放，符号如图 3－26 所示，是一种高增益、高输入阻抗、低输出阻抗的直接耦合放大器，其放置步骤如下。

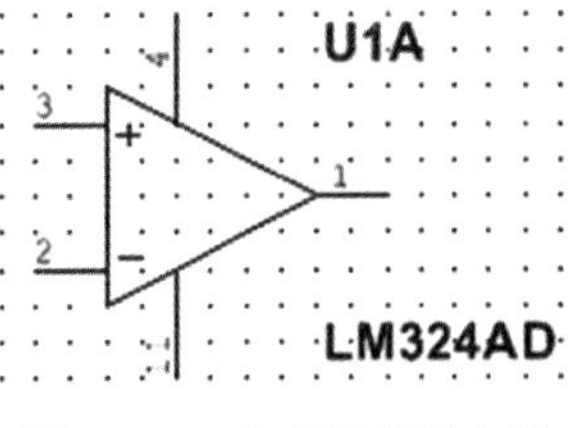

图 3－26　集成运算放大器

(1) 点击“Place Analog”(放置模拟元器件)，如图 3－27 所示。

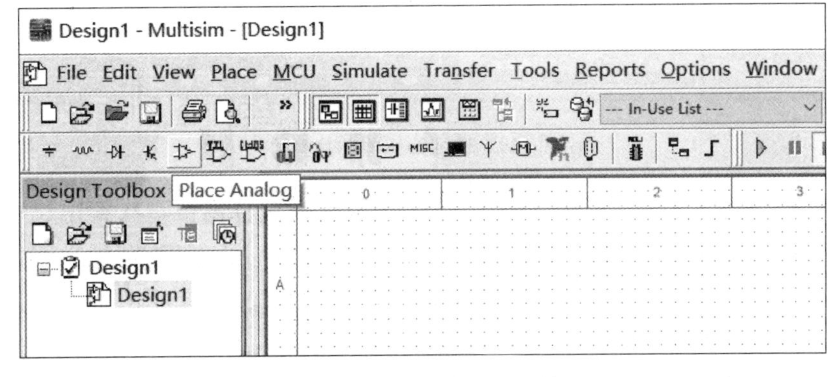

图 3－27　放置模拟元器件

(2) 在弹出的“Select a Component”窗口中，如图 3－28 所示，点击“OPAMP”，并选择恰当的器件(这里我们以 LM324AD 为例)，然后点击“OK”。

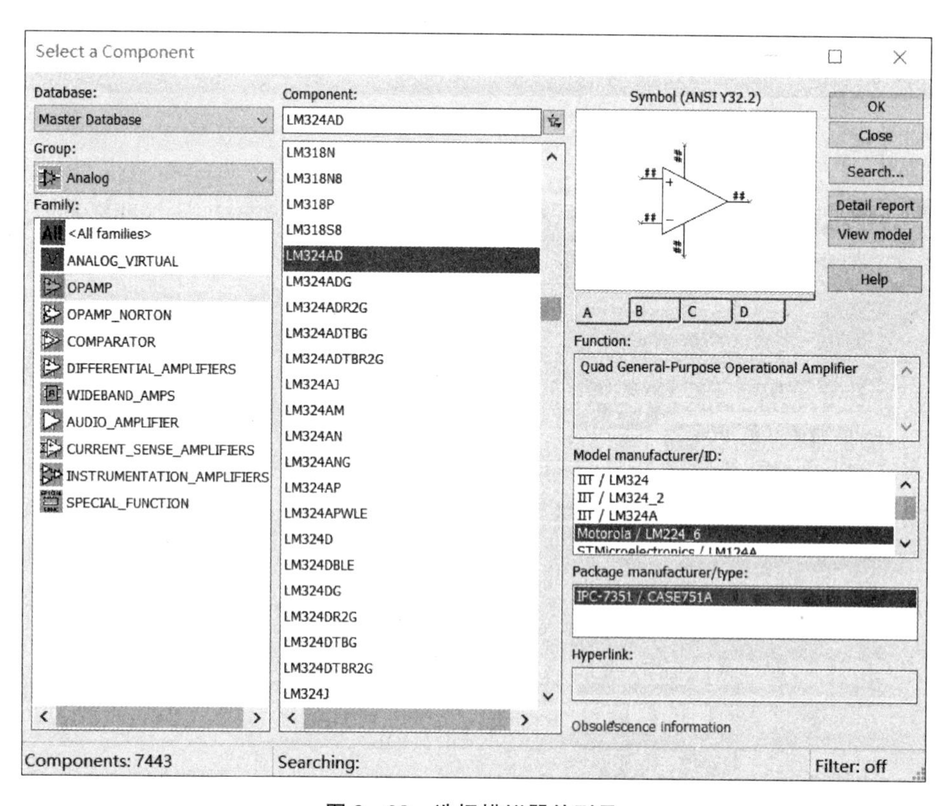

图 3－28　选择模拟器件型号

(3) 此时“Select a Component”窗口关闭。由于 LM324AD 由 4 个集成运放构成(分别用字母 A、B、C 和 D 来表示)，此时屏幕上会出现如图 3－29 所示的选择窗口。点击 A、B、C 或 D，选择 LM324AD 中的一个运放。

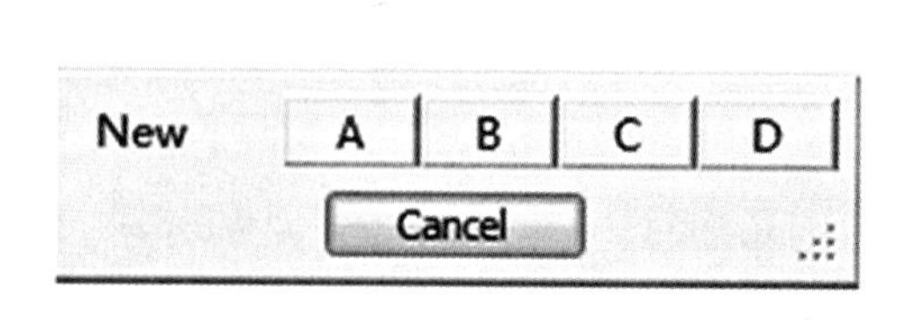

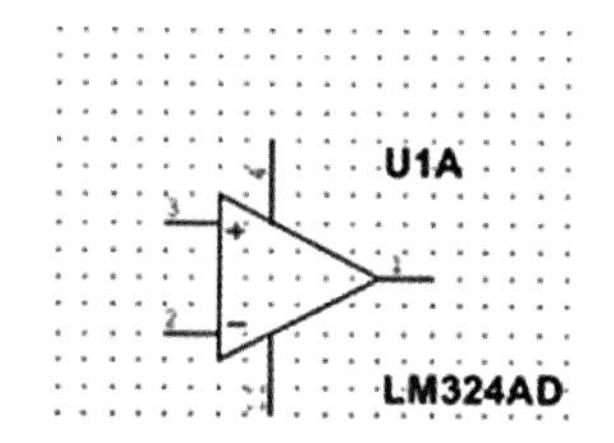

图 3－29　选择四运放芯片型号

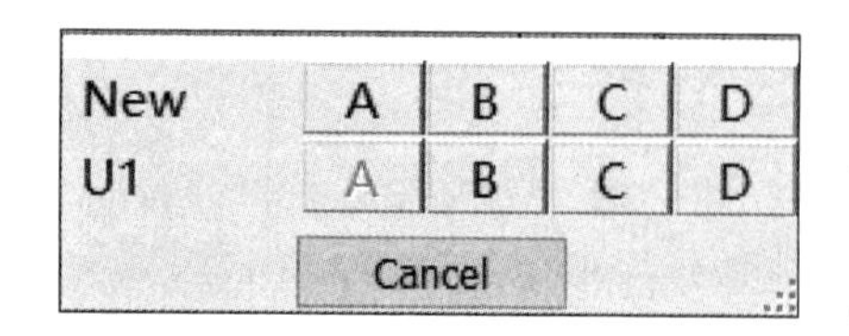

图 3－30　再次选择四运放芯片型号

(4) 集成运放选择窗口再次跳出，如图 3－30 所示。点击“U1”后面的字母，可以选择在电路图图纸上放置标志符为“U1”的 LM324AD 中的其他集成运放。若点击“New”后面的字母，则可放置新的 LM324AD 中的集成运放。如果不需要放置更多的集成运放，点击“Cancel”关闭窗口。

(5) 这时“Select a Component”窗口会再次弹出，如果不需要放置更多的元器件，关闭弹出的窗口即可。

5) 交、直流电压源和接地

交、直流电压源和接地图标的放置及修改步骤如下。

(1) 点击“Place Source”(放置电源)，如图 3－31 所示。

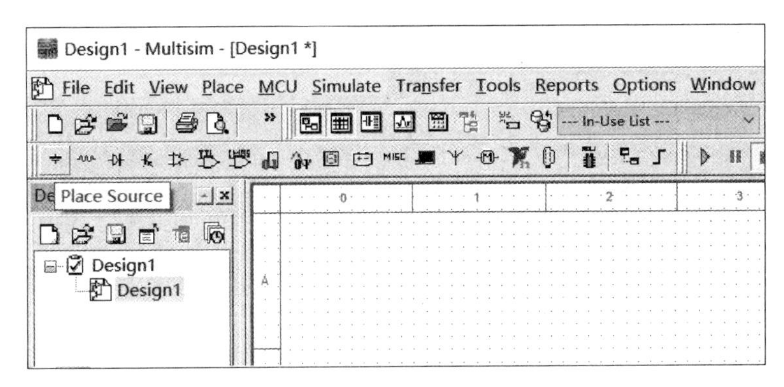

图 3－31　放置电源

(2) 直流电压源选择：窗口“Select a Component”弹出，如图 3－32 所示，选择“POWER_SOURCES”，点击“DC_POWER”，然后点击“OK”。

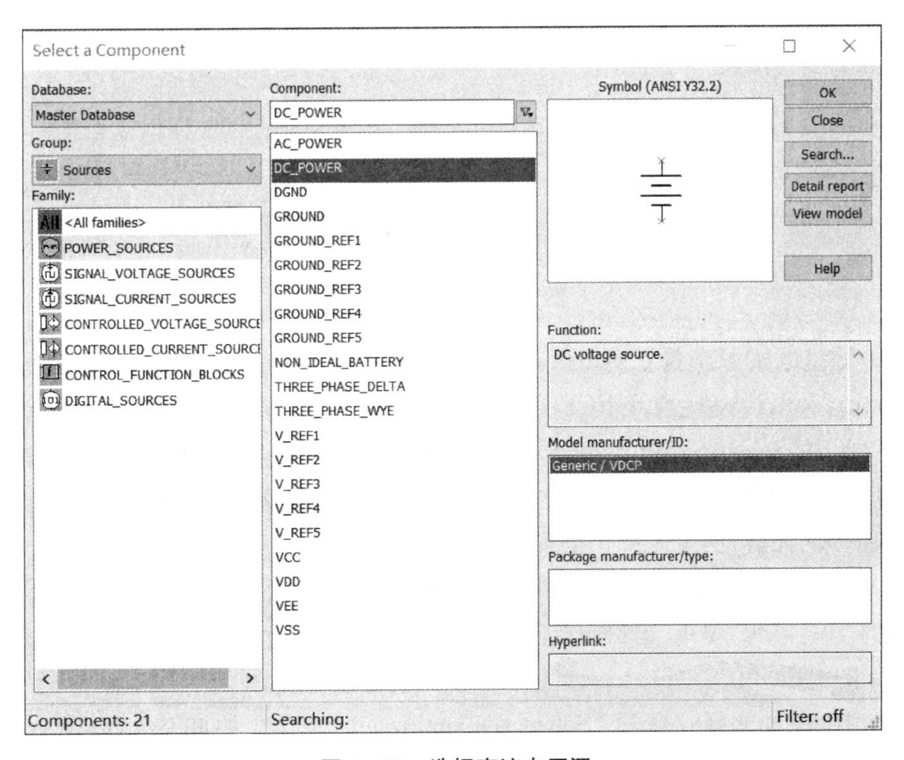

图 3－32　选择直流电压源

(3) 此时“Select a Component”窗口关闭，单击鼠标左键将直流电压源图标放置在电路图图纸的恰当位置上。这时“Select a Component”窗口会再次弹出，如果不需要放置更多的元器件，关闭弹出的窗口即可。

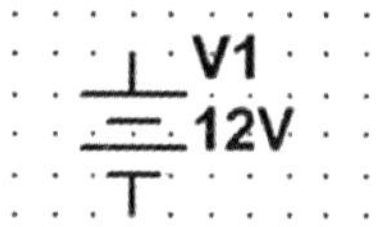

图 3-33 直流电压源

(4) 修改直流电压源电压值：鼠标左键双击直流电压源图标(见图 3-33)，在弹出的“DC_POWER”窗口中点击“Value”选项卡，如图 3-34 所示，在“Voltage(V):”后填写新的电压值，然后点击“OK”。

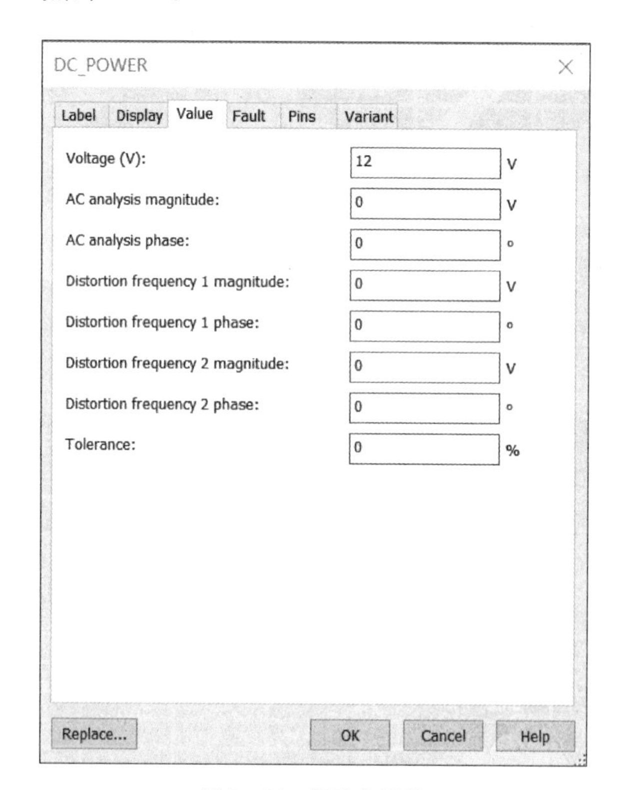

图 3-34 修改电压值

(5) 交流电压源选择：窗口“Select a Component”弹出，如图 3-35 所示，选择“SIGNAL_VOLTAGE_SOURCES”，点击“AC_VOLTAGE”，然后点击“OK”。

(6) 此时“Select a Component”窗口关闭，单击鼠标左键将交流电压源图标放置在电路图图纸的恰当位置上。这时“Select a Component”窗口会再次弹出，如果不需要放置更多的元器件，关闭弹出的窗口即可。

(7) 修改交流电压源电压幅值和频率：鼠标左键双击交流电压源图标(见图3-36)，在弹出的“AC_VOLTAGE”窗口中点击“Value”选项卡，如图 3-37 所示，在“Voltage(Pk):”后填写新的电压幅值，在“Frequency(F):”后填写新的频率，然后点击“OK”。

(8) 接地的选择：窗口“Select a Component”弹出，如图 3-38 所示，选择“POWER_SOURCES”，点击“GROUND”，然后点击“OK”。

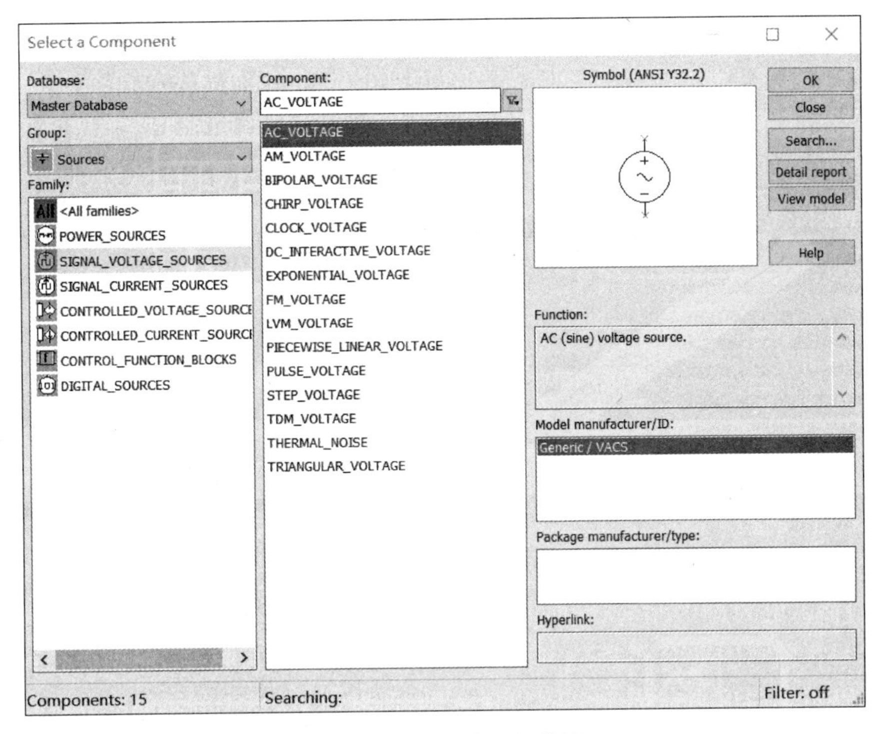

图 3 - 35　交流电压源选择

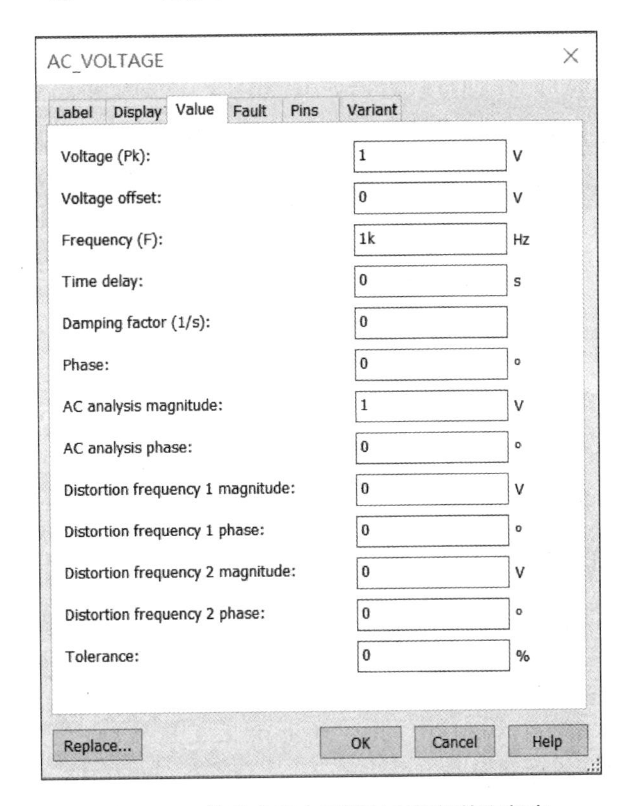

V1
1Vpk
1kHz
0°

图 3 - 36　交流电压源

图 3 - 37　修改交流电压源时电压幅值和频率

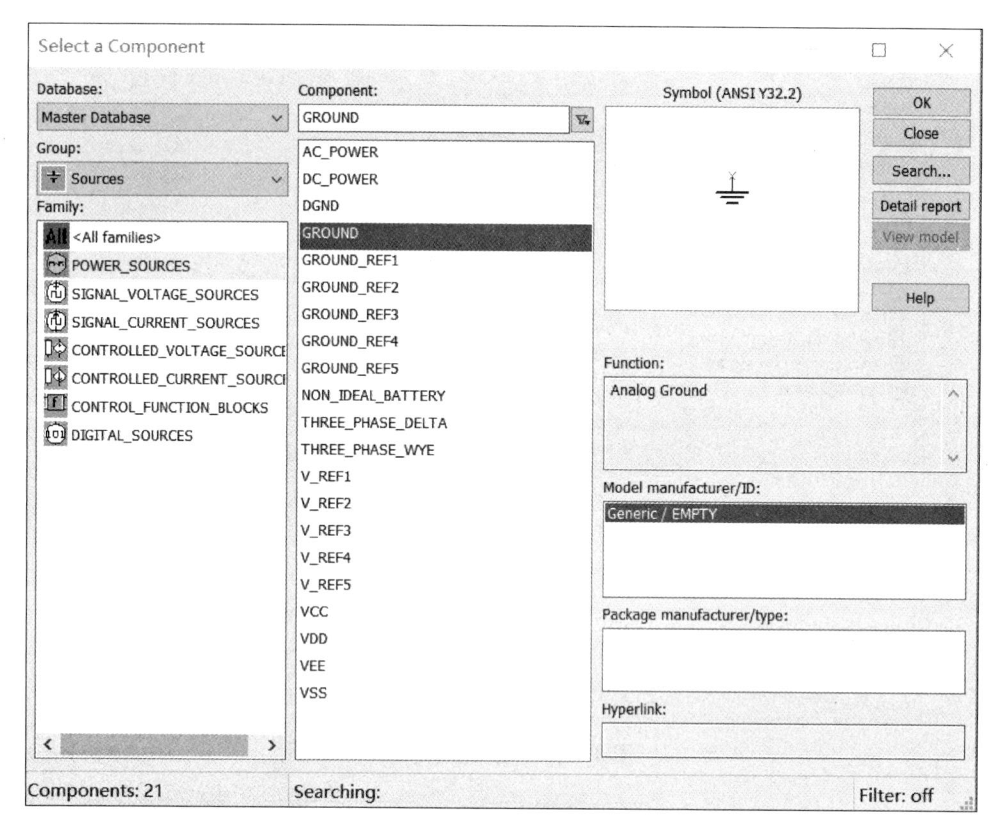

图 3-38　选择接地

(9) 此时“Select a Component”窗口关闭，单击鼠标左键将接地的图标(见图 3-39)放置在电路图图纸的恰当位置上。这时“Select a Component”窗口会再次弹出，如果不需要放置更多的元器件，关闭弹出的窗口即可。

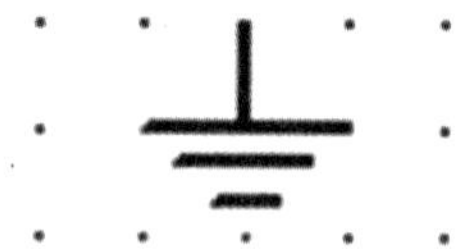

图 3-39　接地图标

3.1.4　元器件的基本操作

1) 元器件的旋转

鼠标右键单击元器件图标，并点击弹出菜单中的按钮以实现相应功能，如图 3-40 所示。

2) 修改元器件的标识符

鼠标左键双击元器件图标，在弹出的窗口(见图 3-41)中点击“Label”选项卡，并在“RefDes:”下填写新的标识符，然后点击“OK”。

3) 删除元器件

选中元器件，再按“Delete”键即可。

4) 元器件的连接

如图 3-42 所示，将鼠标指针悬停在第一个元器件的引脚上，单击鼠标左键并拖

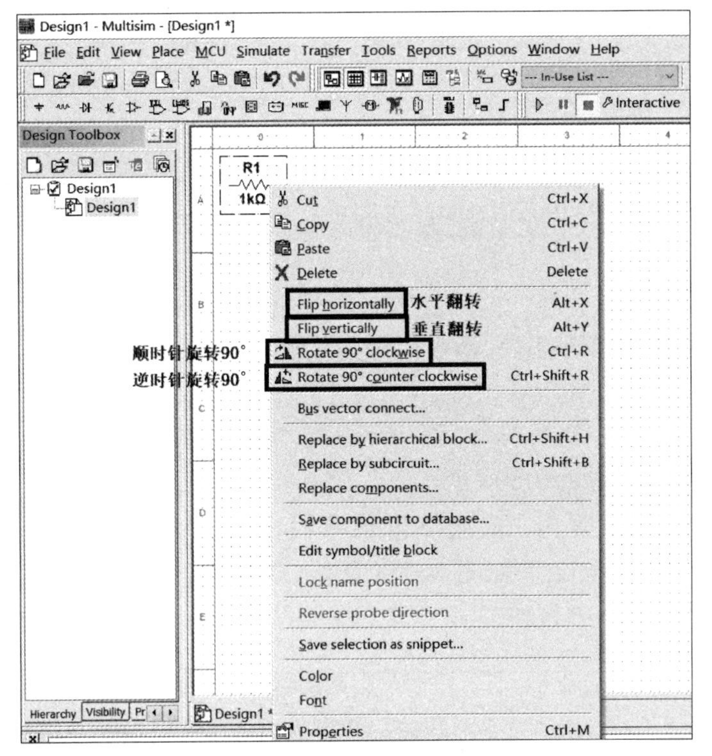

图 3-40　元器件旋转

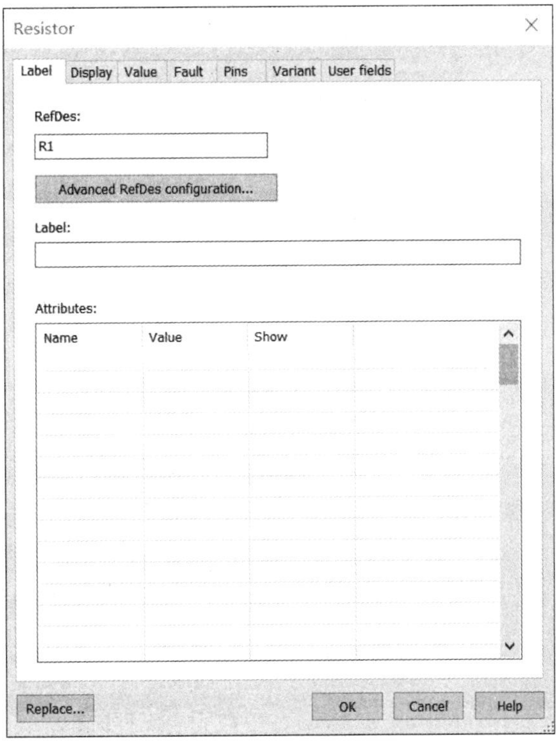

Resistor

Label | Display | Value | Fault | Pins | Variant | User fields

RefDes:

R1

Advanced RefDes configuration...

Label:

Attributes:

Name	Value	Show

Replace...　OK　Cancel　Help

图 3-41　修改元器件标识符

动光标，在导线需要拐弯处单击鼠标左键，则该点被固定下来，导线可以在该点处转折，到达终点引脚时，单击左键完成连接。

5）删除导线

鼠标左键单击导线，再按“Delete”键即可。

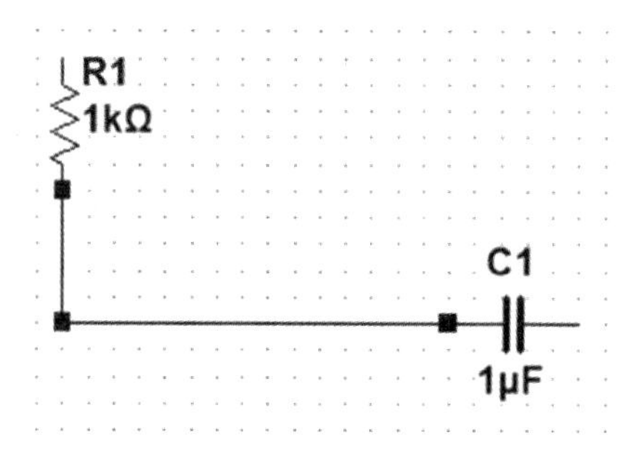

图 3－42　元器件连接

3.1.5　仪器仪表

常用的仪器仪表有万用表、函数信号发生器、双踪示波器等。

1）万用表

万用表的符号如图 3－43 所示。

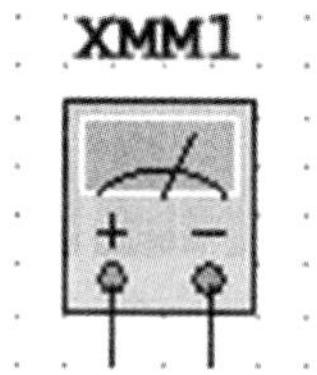

图 3－43　万用表

选择万用表的步骤为：依次点击菜单栏中的“Simulate”“Instruments”“Multimeter”，如图 3－44 所示，或直接点击仪器仪表栏中的“Multimeter”按钮。

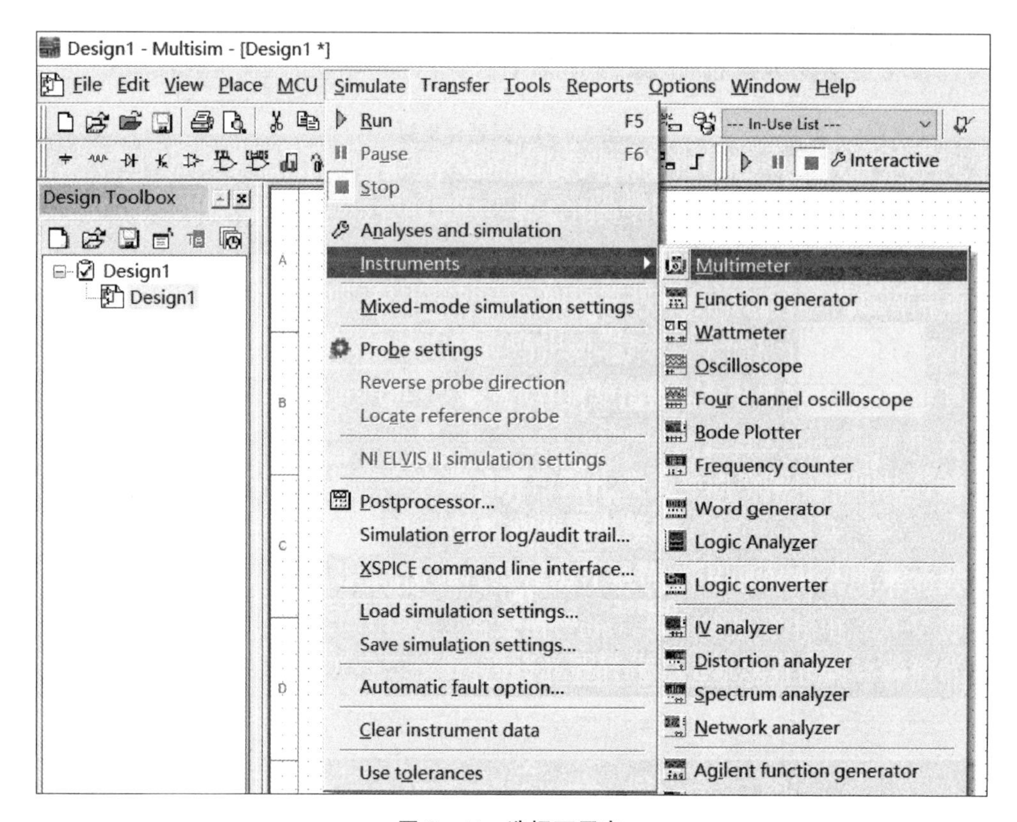

图 3－44　选择万用表

万用表参数设置窗口如图 3－45 所示，参数符号的含义如下。

A：测量电流；V：测量电压；Ω：测量电阻；dB：测量分贝值；～：测量交流（测量

值为交流有效值)；—：测量直流。

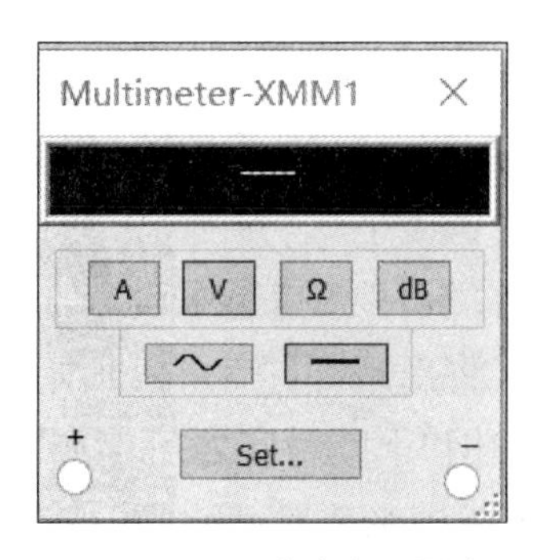

图 3-45　万用表参数设置窗口

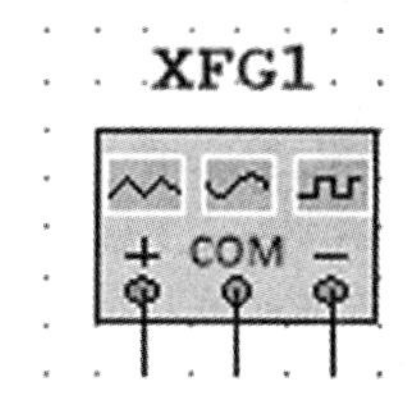

图 3-46　函数信号发生器

2) 函数信号发生器

函数信号发生器符号如图 3-46 所示。

选择函数信号发生器的步骤：依次点击菜单栏中的“Simulate”“Instruments”“Function generator”，如图 3-47 所示，或直接点击仪器仪表栏中的“Function generator”按钮。

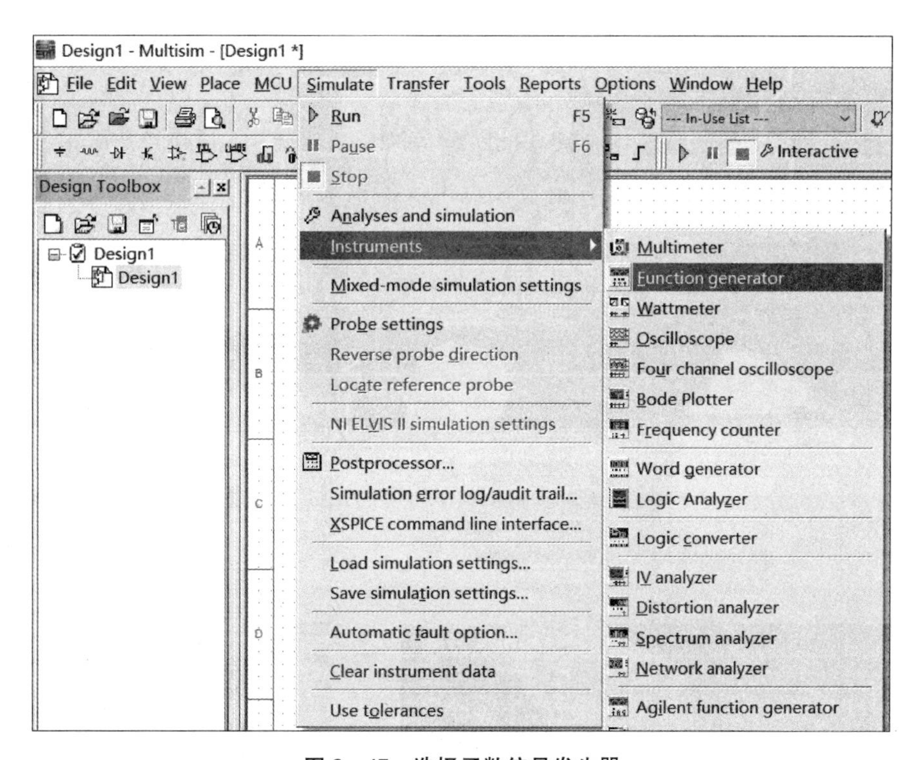

图 3-47　选择函数信号发生器

函数信号发生器参数设置窗口如图 3-48 所示，其中按钮的含义如下。

(1) “Waveforms”项中的 3 个按钮用于选择输出电压的波形，从左到右分别为正

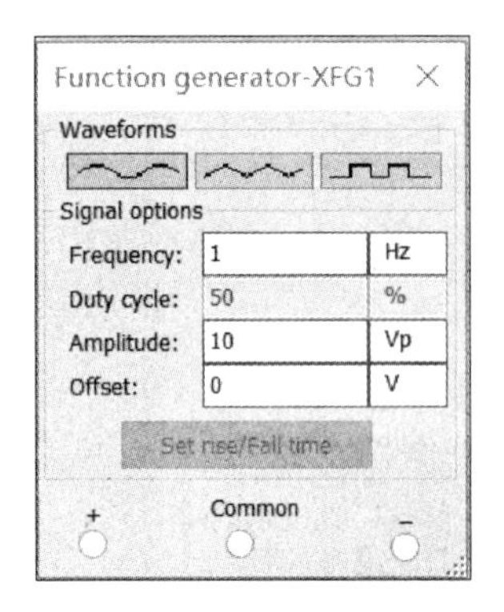

图 3－48 函数信号发生器设置窗口

弦波、三角波和方波。

（2）“Signal options”项中，“Frequency”处设置输出电压的频率，“Duty cycle”处设置方波和三角波的占空比，“Amplitude”处设置输出电压的幅度，“Offset”处设置输出电压的偏置值，即输出电压中的直流成分的大小。

（3）“Set rise/Fall Time”按钮用来设置方波的上升和下降时间。单击该按钮，将出现如图 3－49 所示的窗口。在该窗口中设置方波的上升和下降时间之后点击“OK”按钮完成设置，点击“Default”按钮则恢复默认设置，点击“Cancel”按钮将取消设置。

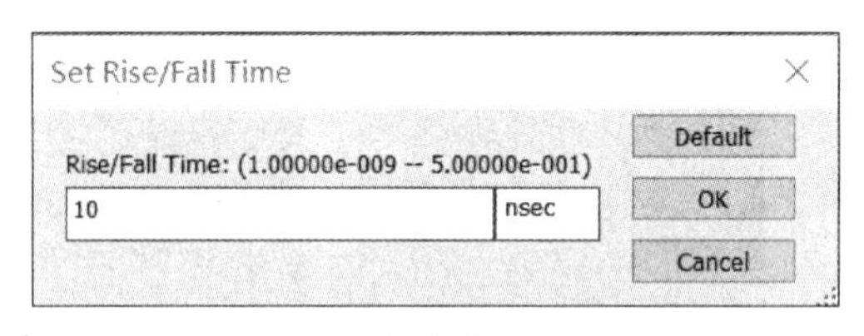

图 3－49 设置方波的上升和下降时间

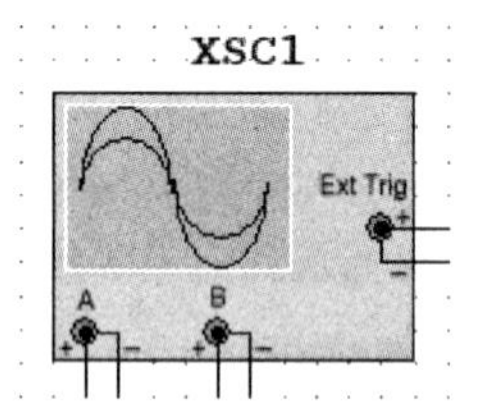

图 3－50 双踪示波器

3）双踪示波器

双踪示波器符号如图 3－50 所示。

选择示波器的步骤：依次点击菜单栏中的“Simulate”“Instruments”“Oscilloscope”，如图 3－51 所示，或直接点击仪器仪表栏中的“Oscilloscope”按钮。

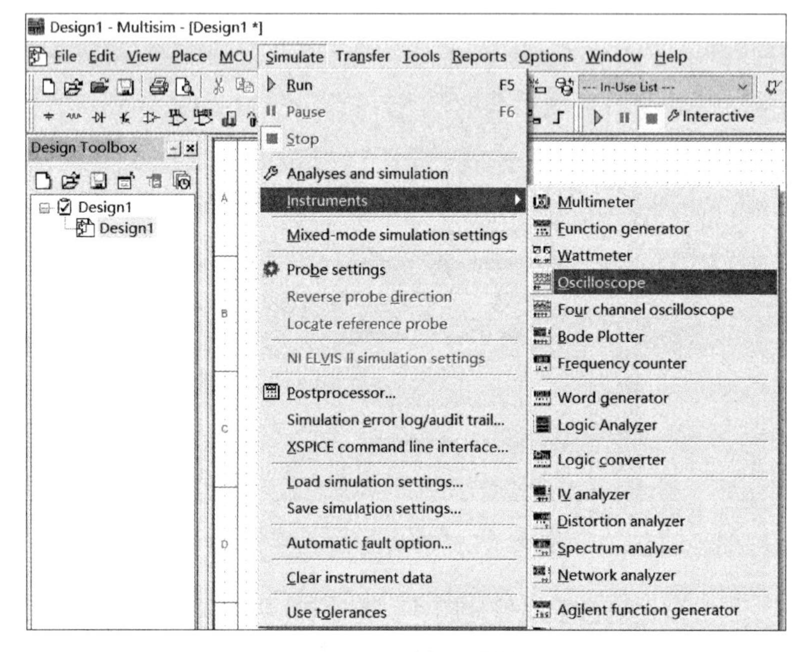

图 3－51 选择示波器

示波器的面板如图 3－52 所示。“Timebase”项中“Scale”是设置 X 轴方向每格代表的时间，“Y/T”按钮表示 X 轴显示时间刻度，Y 轴显示电压信号的幅度。

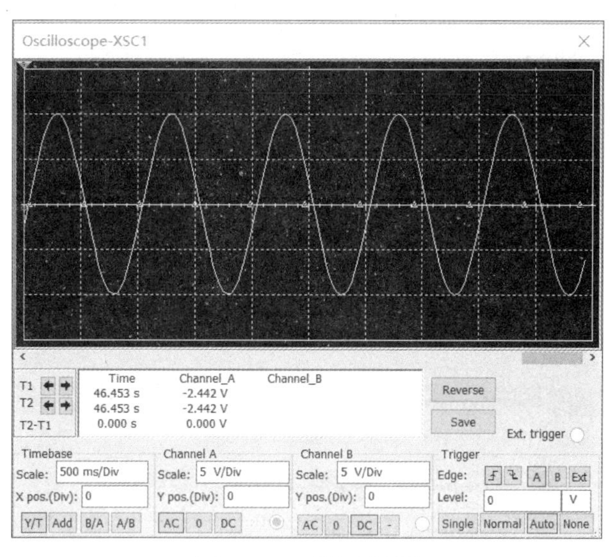

图 3－52　示波器面板

“Channel A”项和“Channel B”项中“Scale”是设置 Y 轴方向每格代表的电压数值。

输入方式：“AC”按钮表示只显示信号的交流部分，“0”按钮表示输入信号与地短接，“DC”按钮表示显示信号交、直流分量叠加后的结果。

光标及数据区：要显示波形读数的精确值时，可用鼠标将垂直光标拖到需要读取数据的位置，如图 3－53 所示。

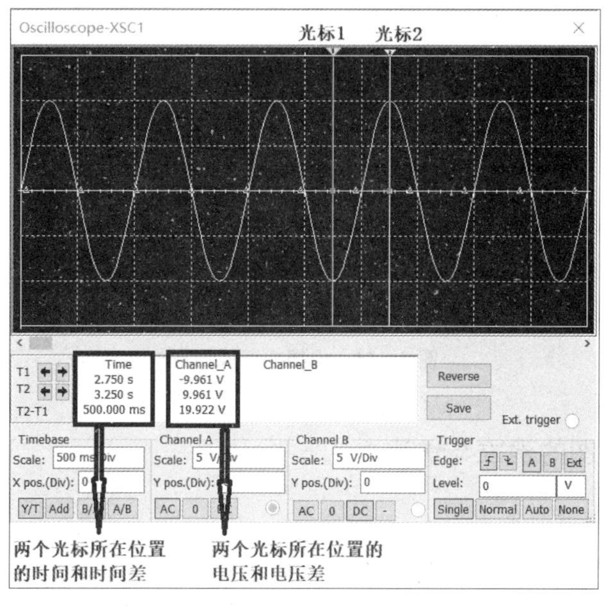

图 3－53　示波器面板光标

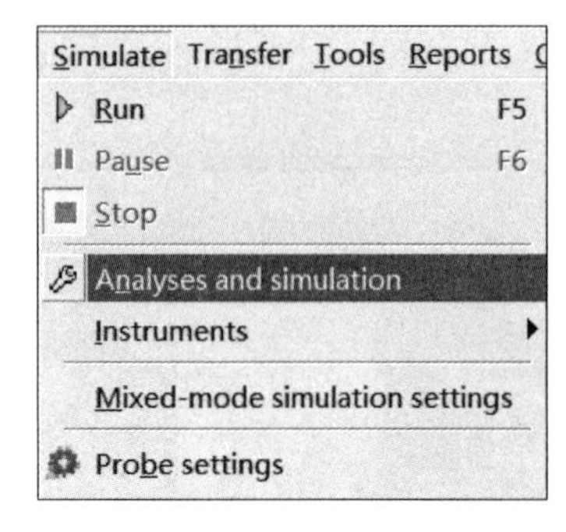

图 3-54 选择仿真方式

注意用万用表和双踪示波器观察仿真结果时，将仿真方式选为“Interactive Simulation”。操作步骤：点击菜单栏中的“Simulate”“Analyses and simulation”，如图 3-54 所示。在弹出的窗口中的“Active Analysis”列表框中选择“Interactive Simulation”，如图 3-55 所示。

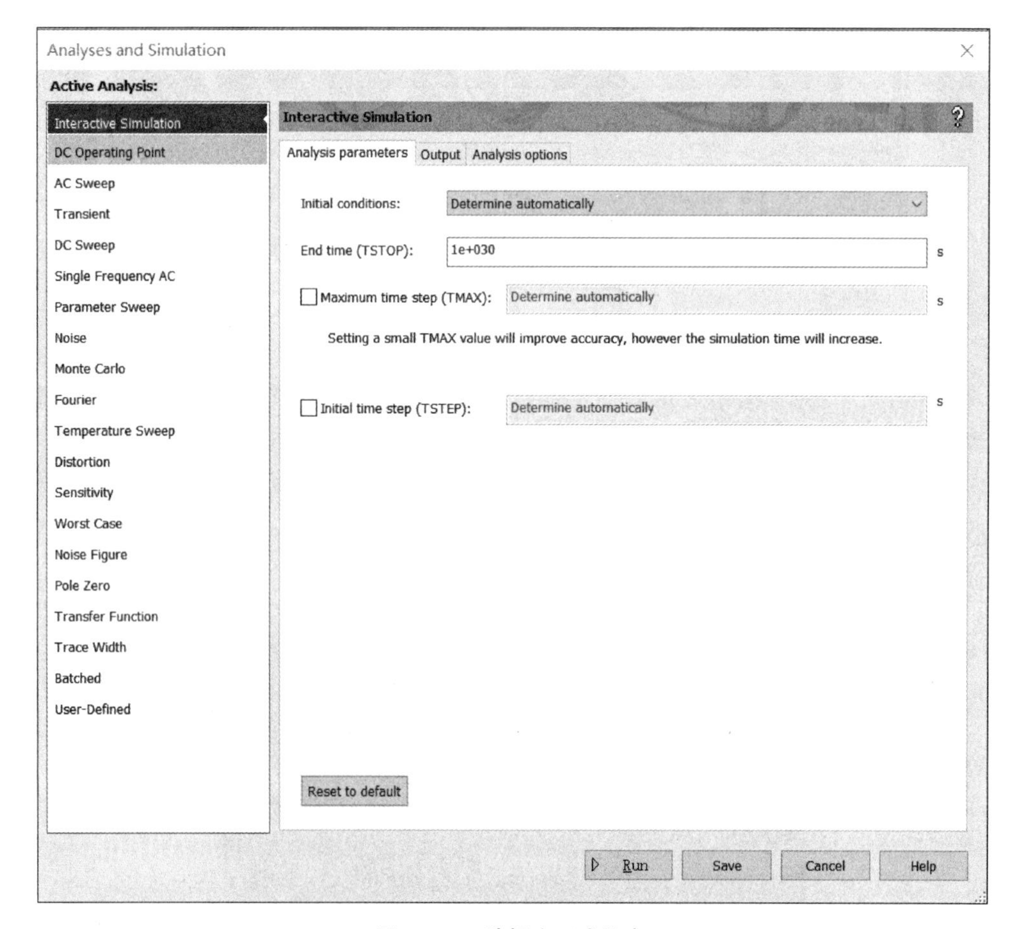

图 3-55 选择交互式仿真

3.1.6 电路原理图的建立与仿真

1）设置工作环境

点击标准工具栏中的“新建文件”按钮，在弹出的“New Design”窗口中选择“Blank and recent”“Blank”，然后点击“Create”，如图 3-56 所示。

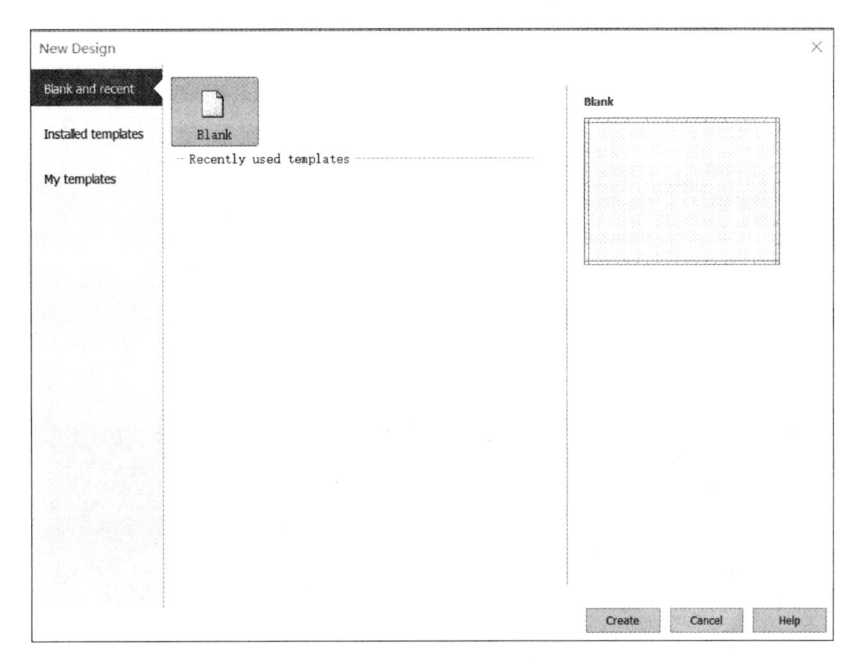

图 3-56　新建空白模板

2）绘制电路图

按照前面介绍的方法，在电路图图纸上绘制电路图，以本教材中实习项目 C 为例，如图 3-57 所示。

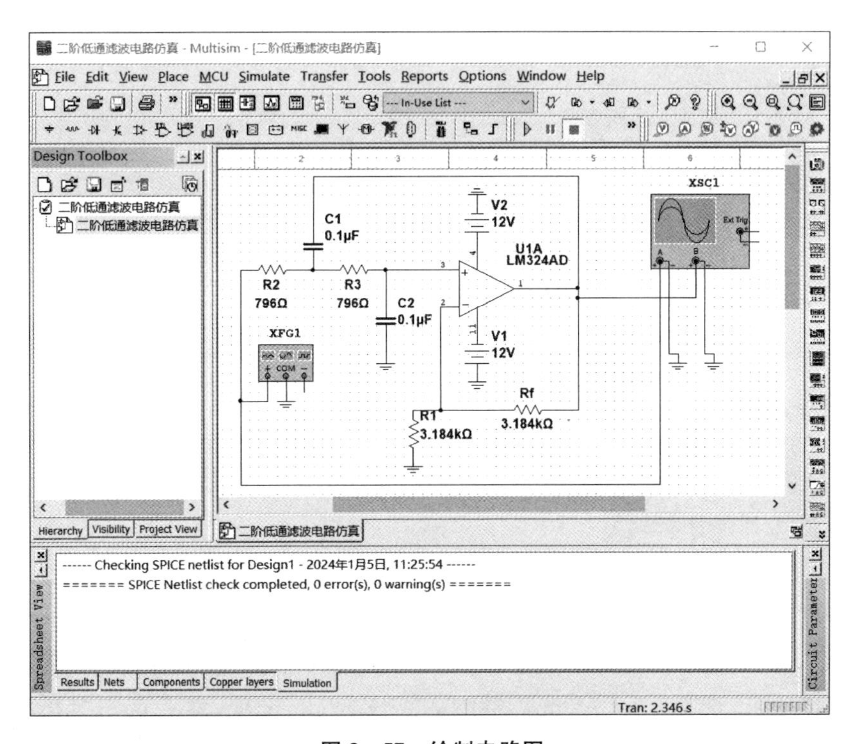

图 3-57　绘制电路图

3）保存文件

点击标准工具栏中的“保存文件”按钮，将文件保存为“二阶低通滤波电路.ms14”。

4）运行仿真

点击仿真工具栏中的“ ▶ ”按钮，如图 3－58 所示，开始仿真。鼠标左键双击示波器图标，在弹出的示波器窗口中可看到测量的数据和波形，如图 3－59 所示。

图 3－58　运行仿真

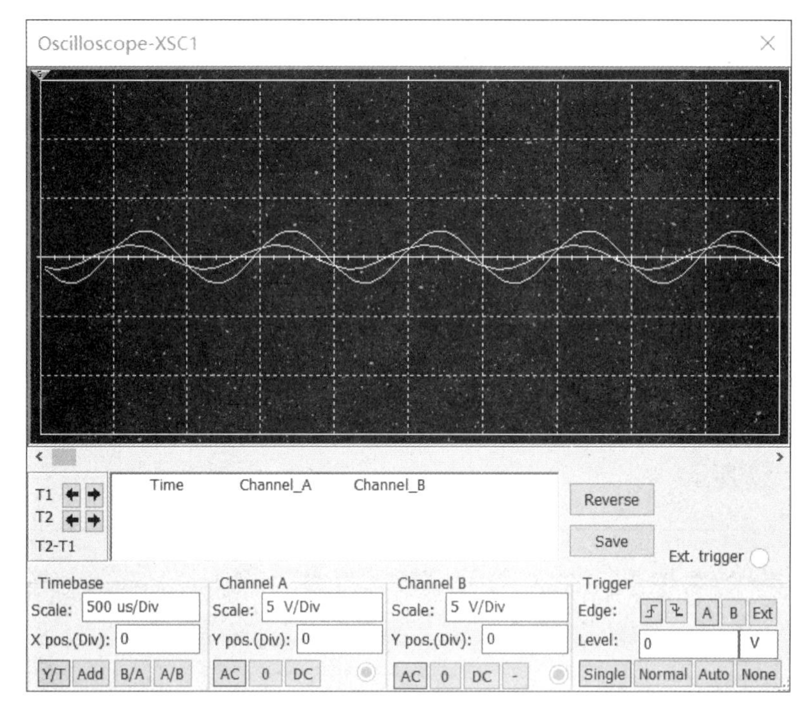

图 3－59　仿真结果

点击仿真工具栏中的“ ■ ”按钮，如图 3－60 所示，停止仿真。

图 3－60　停止仿真

3.1.7　基本分析方法

基本分析方法主要包括直流工作点分析和交流分析。

1）直流工作点分析

直流工作点分析用于测量电路的静态工作点。

如果电路图上没有显示节点号，依次点击菜单栏中的“Options”“Sheet Properties”，如图 3－61 所示，这时“Sheet Properties”窗口弹出。点击“Sheet visibility”选项卡，选择“Net names”栏中的“Show all”选项，然后点击“OK”，会显示出所有节点号，如图 3－62 所示。

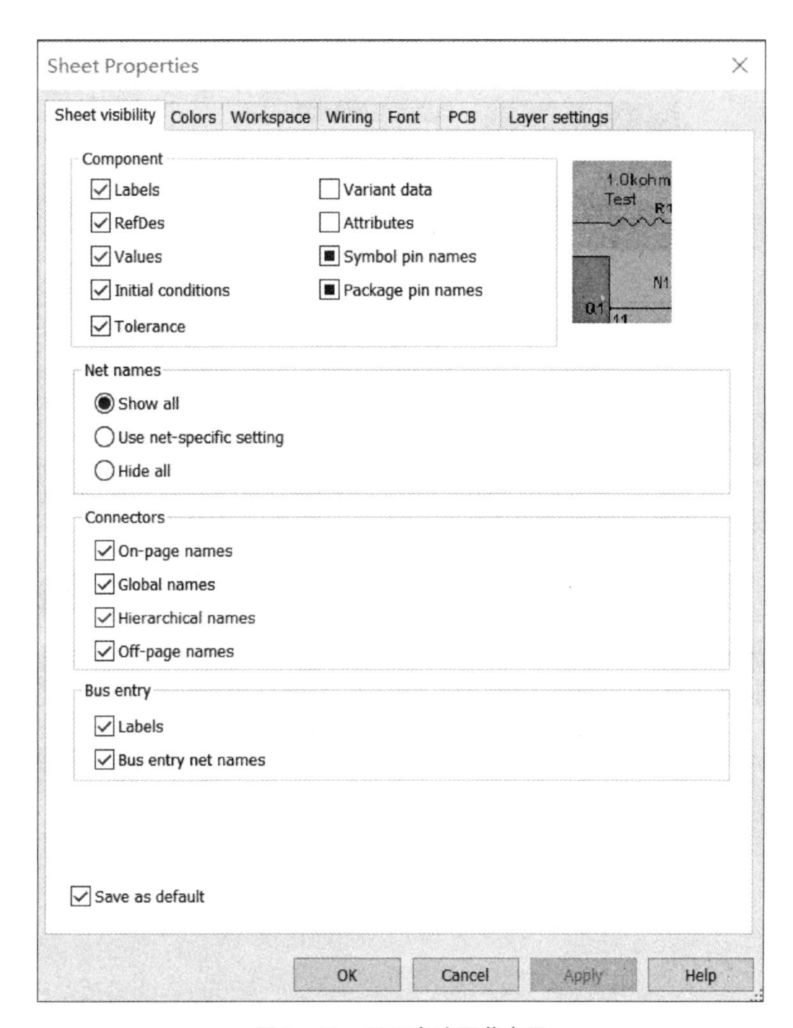

图 3-61　显示电路图节点号

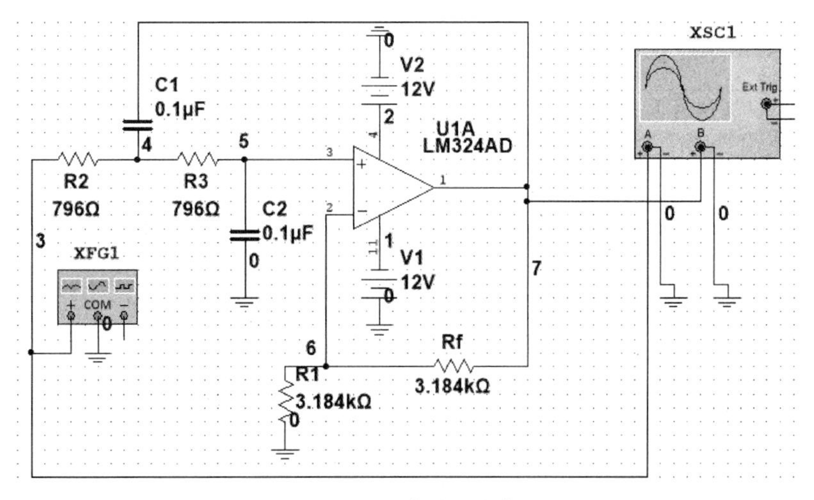

图 3-62　直流工作点

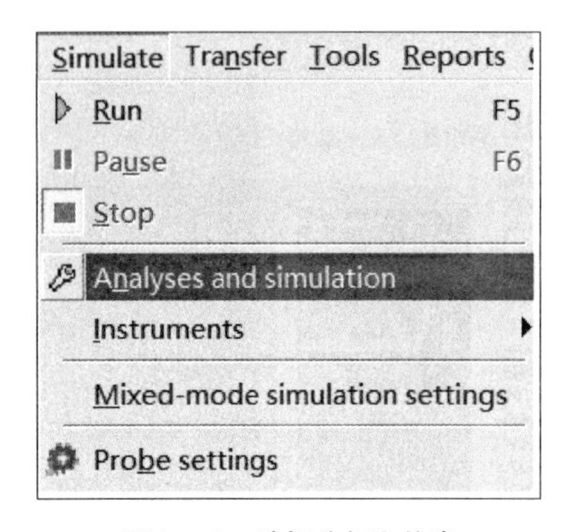

图 3-63　选择分析和仿真

直流工作点分析与仿真操作步骤如下。

(1) 依次点击菜单栏中的“Simulate”“Analyses and simulation”,如图 3-63 所示。

(2) 选择“DC Operating Point”,点击“Output”(输出)选项卡。

(3) 在“Variables in circuit”(电路中的变量)列表中列出了所有可选的输出变量。选中用于分析的输出变量,点击“Add”(添加)按钮,即可将其加入“Selected variables for analysis”(选中用于分析的变量)列表中,如图 3-64 所示。

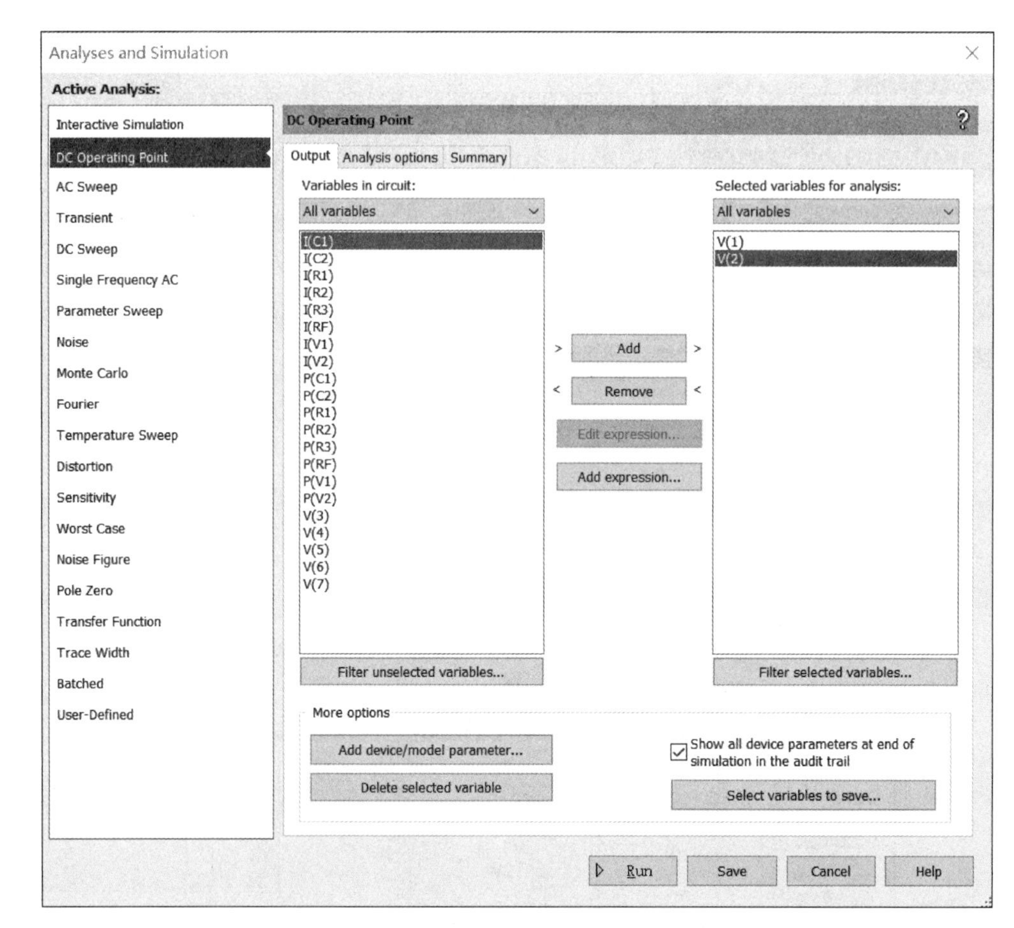

图 3-64　添加输出变量

(4) 单击“Remove”(删除)按钮,可以将不需要显示的变量移回“Variables in circuit”栏中,如图 3-65 所示。

(5) 点击“Run”(运行)按钮即可开始仿真。

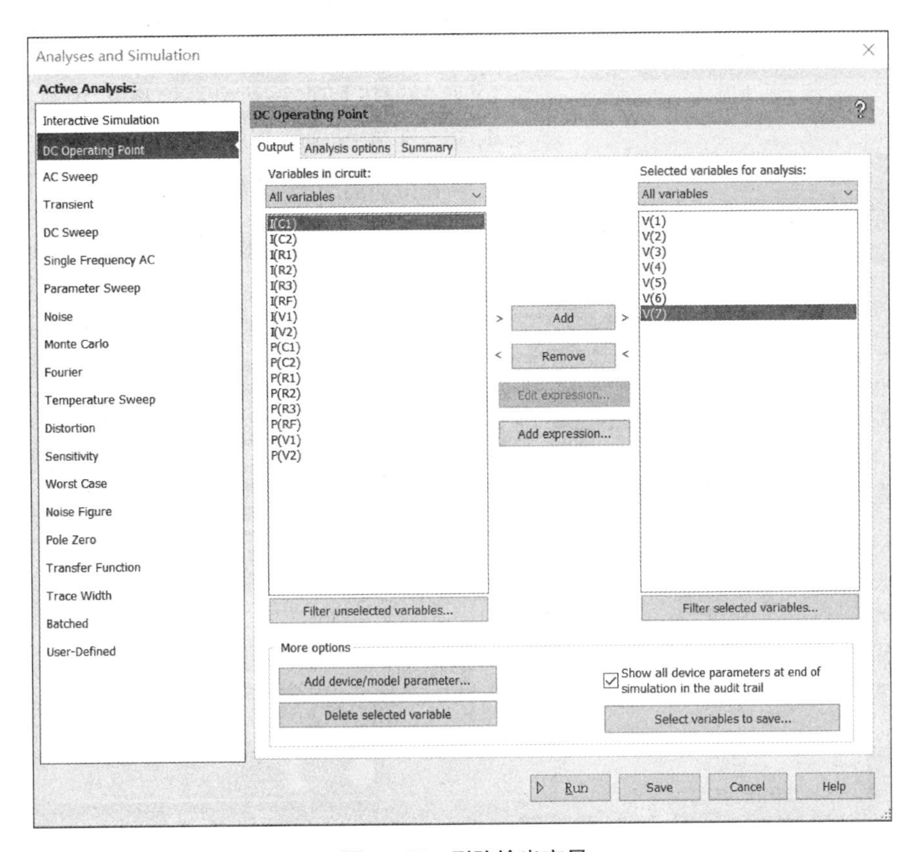

图 3－65　删除输出变量

然后，“Grapher View”窗口将弹出，显示仿真结果，如图 3－66 所示。

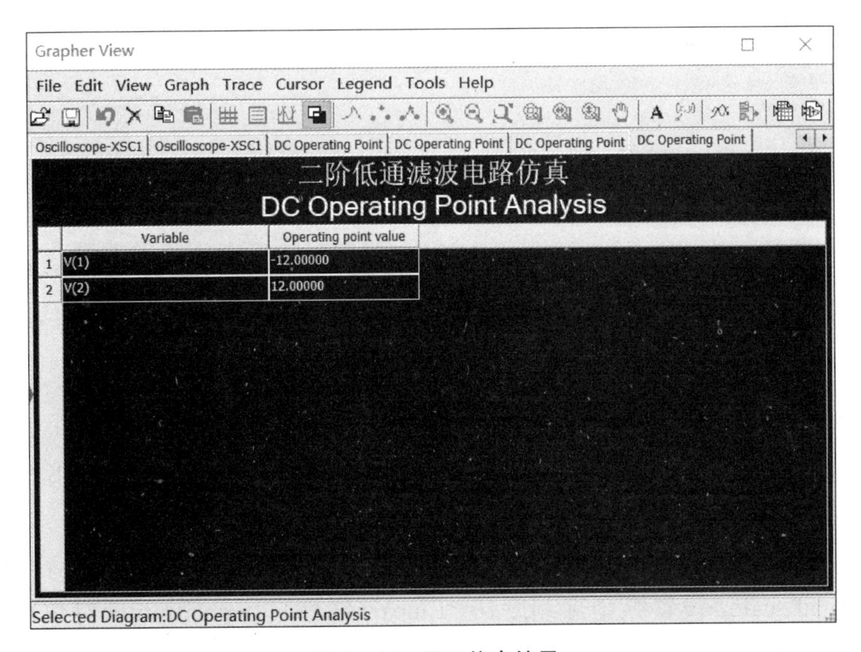

图 3－66　显示仿真结果

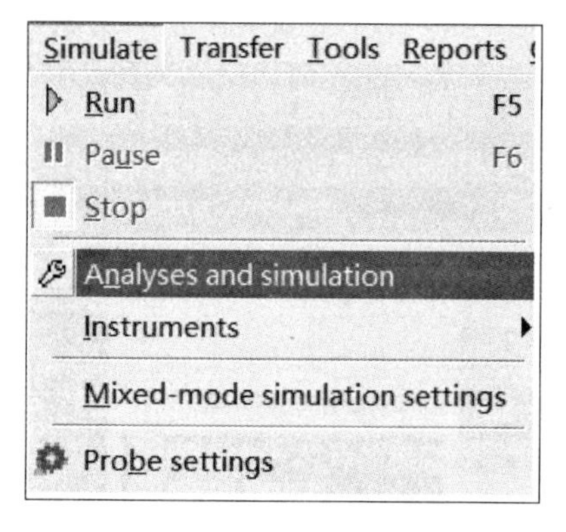

图 3-67 选择分析和仿真

2）交流分析

交流分析用于在一定频率范围内计算电路的频率响应。在进行交流分析之前，电路中至少要有一个交流电源。操作步骤如下。

（1）依次点击菜单栏中的"Simulate""Analyses and simulation"，如图 3-67 所示。

（2）选择"AC Sweep"，点击"Frequency parameters"（频率参数）选项卡，如图 3-68 所示。相关参数含义如下。

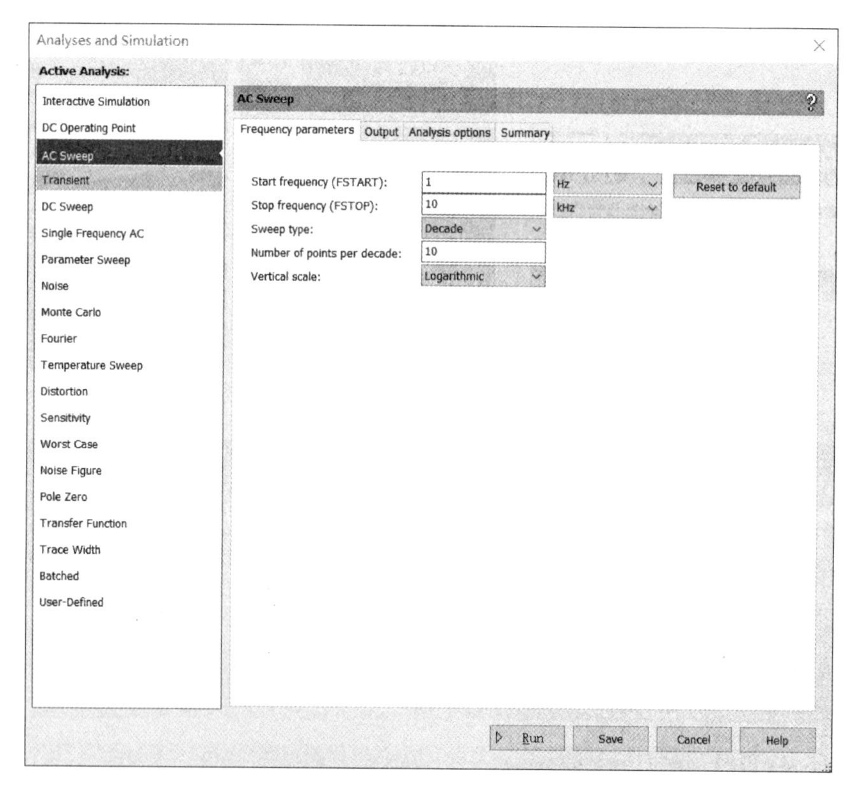

图 3-68 选择交流分析频率参数

Start frequency (FSTART)：设置交流分析的起始频率。

Stop frequency (FSTOP)：设置交流分析的终止频率。

Sweep type：设置扫描类型，有 Decade（十倍程扫描）、Octave（八倍程扫描）、Linear（线性扫描）3 种选择。

Number of points per decade（或 per octave）：设置测试点数目。

Vertical scale：设置纵坐标刻度，有 Linear（线性）、Logarithmic（对数）、Decibel（分贝）、Octave（八倍）4 种选择。

Reset to default：重置为默认值。

(3) 在“Output”(输出)选项卡中设置输出变量，如图 3－69 所示，方法与直流工作点分析相同。

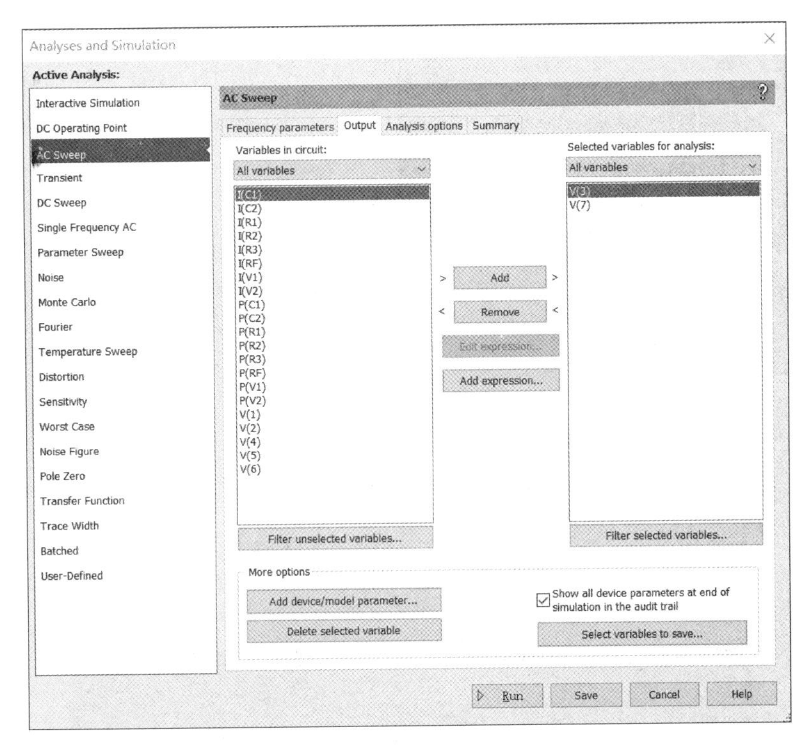

图 3－69　添加和删除输出变量

(4) 点击“Run”(运行)按钮即可开始仿真。“Grapher View”窗口弹出，显示仿真结果，如图 3－70 所示。

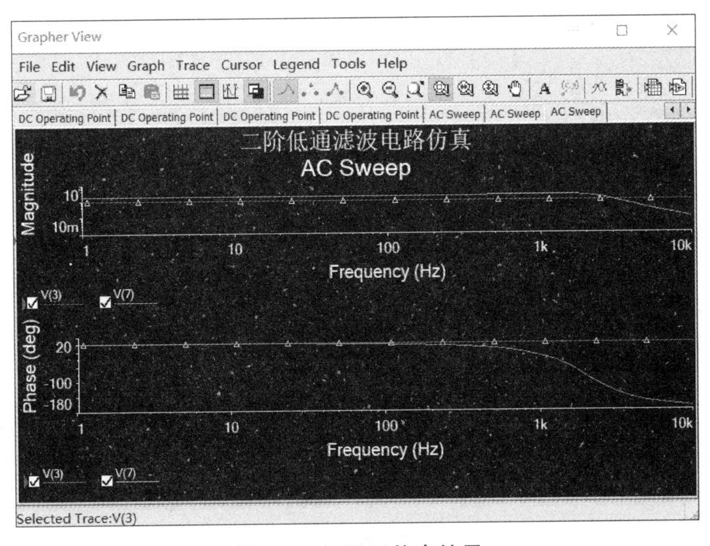

图 3－70　显示仿真结果

显示光标操作如图 3－71 所示。

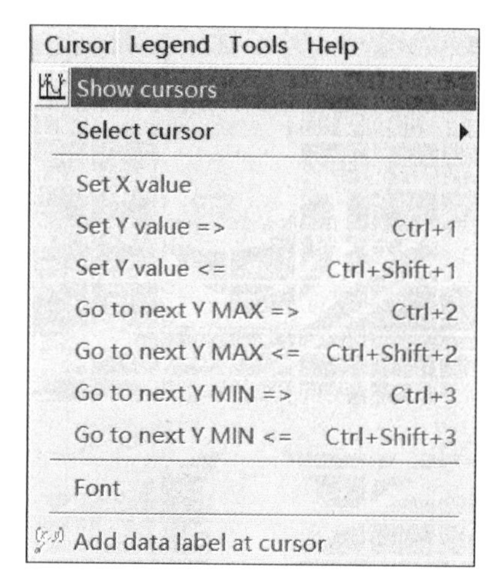

图 3－71　显示光标操作

光标数据在仿真结果上的显示如图 3－72 所示。

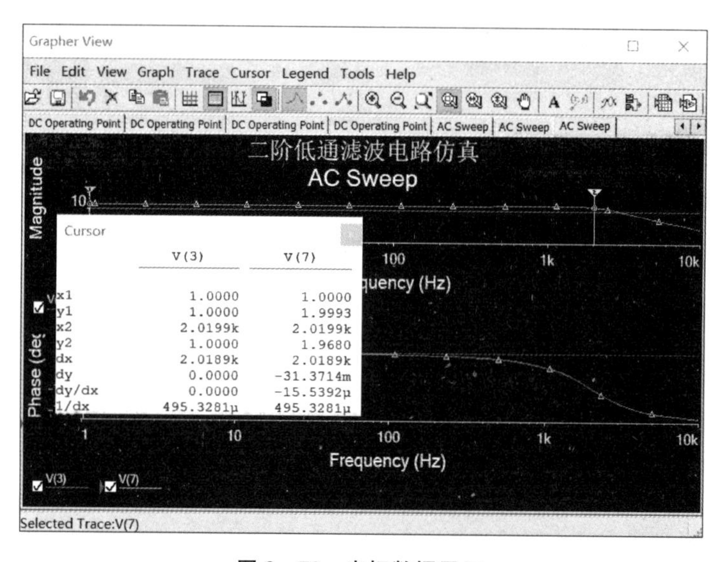

图 3－72　光标数据显示

设置电路图图纸的尺寸如图 3－73 所示，其具体的工作环境参数如图 3－74 所示。

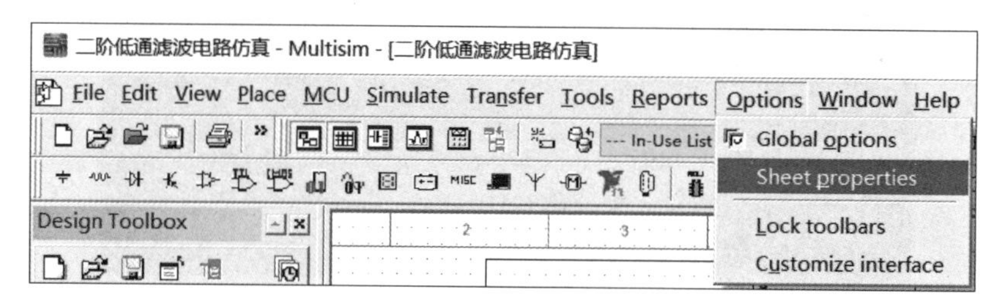

图 3－73　选择图纸属性

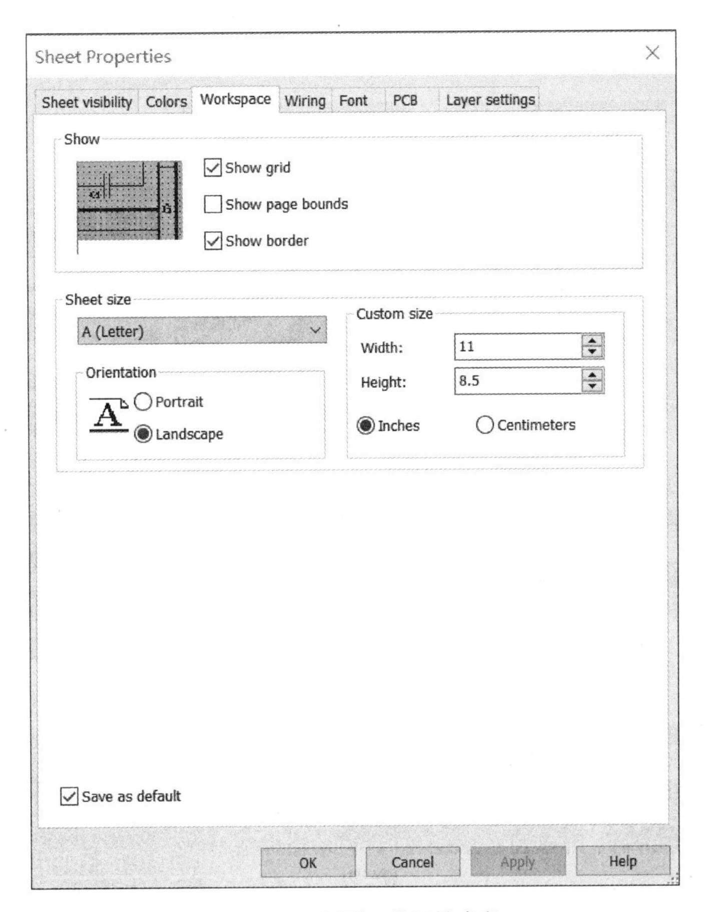

图 3-74　设置工作环境参数

3.2　印刷电路板设计软件

本节学习印刷电路板设计软件的一些通用操作方法，学习后即使更换设计软件也能快速上手进行设计操作。本节主要是基于嘉立创 EDA 软件完成原理图和 PCB 设计的操作。

3.2.1　常用印刷电路板设计软件介绍

从原型设计阶段到工业化，有许多软件程序可用于设计印刷电路，不同的功能和界面能够满足不同用户的需求。选择适合自己的设计软件，可以提高工作效率和设计质量。下面介绍的几种软件，其中有的也兼有仿真功能。

1）Altium Designer

Altium Designer 是一款功能强大的印刷电路板设计软件，它提供了完整的设计工具和资源库，能够满足复杂电路设计的需求。Altium Designer 具有直观的用户界面和丰富的功能，包括原理图设计、布局和布线、模拟仿真、信号完整性分析等。此外，Altium Designer 还支持多种输出格式，方便与其他软件进行集成。

2）Proteus

Proteus 是一款多功能的 EDA 软件，包括原理图设计、硬件电路仿真和 PCB 设计等功能。它提供了丰富的元件库和仿真模型，可以帮助设计师进行快速的原型开发和验证。

3）Eagle

Eagle 是一款流行的印刷电路板设计软件，它具有简单易用的界面和丰富的功能。Eagle 提供了完整的设计工具，包括原理图设计、布局和布线、自动追踪、3D 模型等。Eagle 还有一个庞大的用户社区，用户可以在社区中分享设计文件和经验，获取帮助和支持。

4）KiCad

KiCad 是一款开源的印刷电路板设计软件，它具有强大的功能和灵活的设计工具。KiCad 提供了原理图设计、布局和布线、3D 模型等功能，同时支持多种输出格式。KiCad 的优势在于其开源性，用户可以自由定制和修改软件，满足个性化需求。

5）OrCAD

OrCAD 是一款专业的印刷电路板设计软件，它提供了全面的设计工具和资源库，具有原理图设计、布局和布线、模拟仿真等功能，能够满足复杂电路设计的需求。OrCAD 还有一个庞大的用户社区，用户可以在社区中获取帮助和支持。

6）嘉立创 EDA

嘉立创 EDA 是一款高效、开源和基于浏览器架构的国产 EDA 软件，也是嘉立创集团发展“电子产业一站式”服务中重要的一环，支持电路仿真、原理图与 PCB 设计、面板设计等多种电路设计功能。软件集成了超百万的元器件封装库、上万种 3D 模型库和大量的开源工程，帮助电子工程师更快速地进行设计。

3.2.2 印刷电路板软件的关键操作步骤

印刷电路板软件的操作流程如图 3－75 所示，一般分为准备工作、原理图绘制和 PCB 绘制，在软件设计完成后会进入生产、焊接和测试阶段。

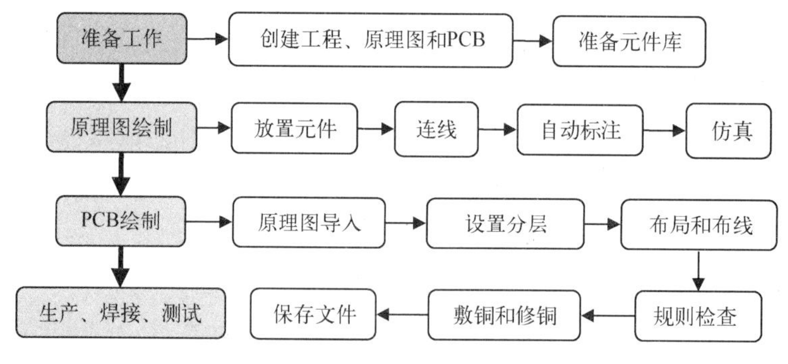

图 3－75 印刷电路板软件的操作流程

1）准备工作

创建一个新的工程文件：文件→新建→工程。

创建原理图文件：文件→新建→原理图。

创建 PCB 文件：文件→新建→PCB。

必须要创建 3 个文件，缺一不可。原理图和 PCB 文件要保存在同一工程文件下，这样可以自动从原理图导入 PCB 文件里。

准备工作还需要准备元器件库，除了常用元器件库之外，我们还需要提前查找所需要的元器件库里是否有所需要的元器件。例如本教材里用到的 L7812 和 LM324 芯片，如图 3－76 和图 3－77 所示。如果找不到需要的元器件库，则要去对应的元器件公司的官方网站下载产品库。

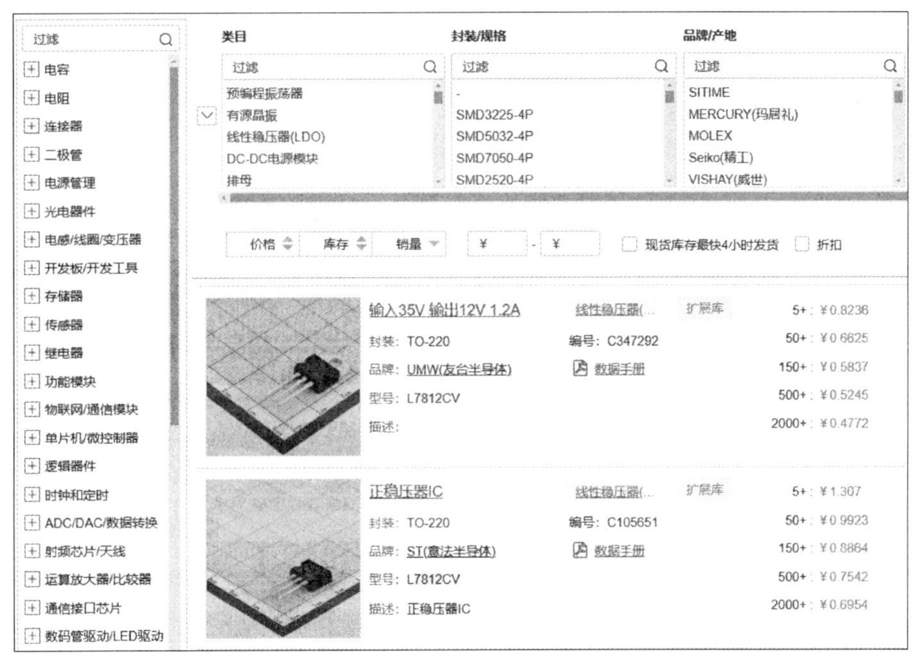

图 3－76　L7812 系列元器件库

2）原理图绘制

放置元器件的工具栏主要分为实用工具栏和走线工具栏。实用工具栏用于设置说明性图形（L）和文字，没有电气连接功能，走线工具栏中设置导线（W）或者使用网络标签（N）连接到引脚末端进行电气连接。

原理图绘制的快捷键归纳如下：放大与缩小是鼠标滑轮，复制是 Ctrl＋C，粘贴是 Ctrl＋V，更改走线方式是 Shift＋空格键，元器件旋转是拖动＋空格键，上下翻转是拖动＋Y，左右翻转是拖动＋X。

自动标注是设计→分配位号，原理图导入是设计→更新/转换原理图到 PCB。然后就可以切换到 PCB 文件界面下操作了。

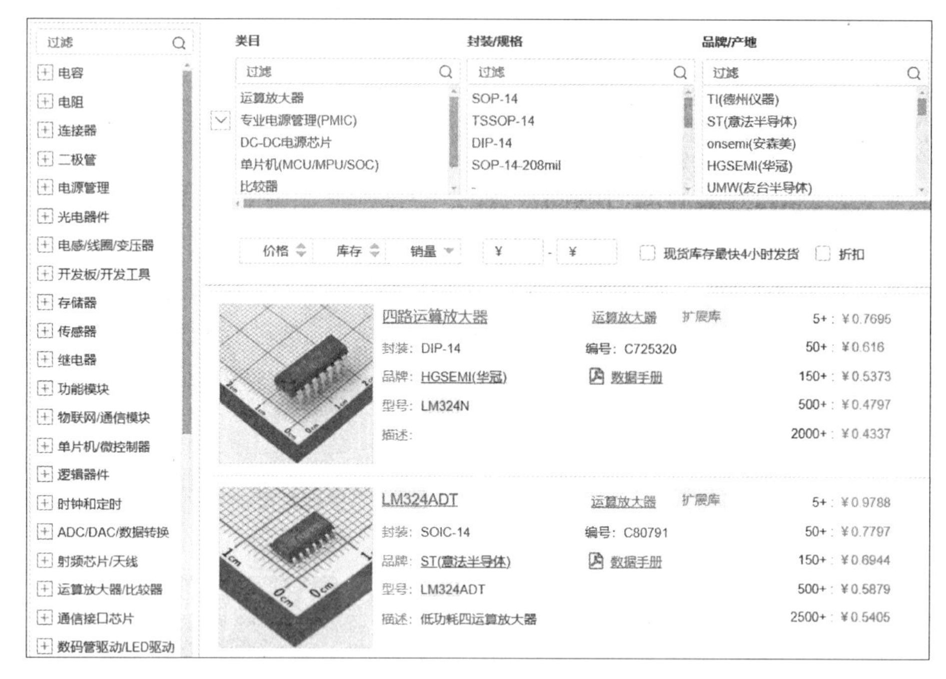

图 3-77　LM324 系列元器件库

3）PCB 绘制

（1）从原理图导入后要先进入图层管理器设置分层，如图 3-78 所示。

图 3-78　图层管理器

(2) 以最常见的两层板举例，主要有信号层、丝印层、阻焊层、锡膏层和装配层。信号层即是铜箔层，一般情况下作为顶层的铜箔层会用来放置元器件，作为底层的铜箔层用来焊接。丝印层用来放置文字等标注。阻焊层是一种覆盖在铜箔表面的特殊涂层，用来保护铜箔和电路板，提高焊接质量和可靠性。锡膏层是助焊层，起到辅助焊接的作用。装配层表示元器件装配的位置和方向，不在实物中显示，只能打印出来供设计师查看。除此之外比较重要的还有机械层和禁止布线层，可以绘制 PCB 板的机械外形，禁止布线层比机械层更优先裁切。

(3) 优先使用自动布局和自动布线，再手工进行调整。布局是在板图范围内给元器件分配物理位置，使得各元器件互不重叠。布局之后各元器件及管脚位置已经确定，根据布线规则进行电气互联。需要注意的是各管脚之间有飞线，这是原理图导入时的预拉线，不具有电气连接的特性，需要自动或手动在各层进行布线。

(4) 进行规则检查，如果违反设置的规则，会出现绿色线和连接不上的问题。一般 PCB 板的铜箔厚度为 35 μm，线条宽度为 1 mm(约 40 mil)时，线条的横切面积为 0.035 mm^2，通常取电流密度为 30 A/mm^2，因此，每毫米线宽可以流过约 1 A 电流。

其他规则一般设置为线间距 8～14 mil，普通信号线宽 8～14 mil，12 V 以下电源正极线宽 30～40 mil，5 V 以下电源地线宽 40～50 mil，220 V 交流电线宽 60～70 mil，元器件空间距离 8～12 mil。

(5) 敷铜分为顶层满敷铜(solid)和底层网状敷铜(hatched)，顶层满敷铜的作用是加强 PCB 板的机械强度，避免 PCB 板发生弯曲变形。底层网状敷铜的作用是，当进行元器件焊接时，能够有效地排除因 PCB 受热而产生的挥发性气体导致 PCB 铜皮起泡而脱离 PCB 板基。

修铜主要有补泪滴和补圆环，如图 3-79 所示。补泪滴是为了让焊盘更加坚固，防止机械制板时焊盘与导线之间断开而设置的一个过渡区，形状像泪滴。补圆环是在连线工具里使用画圆弧的工具，在直角的两边分别放置一个圆弧，两个圆弧正好对起来，形成一个半圆。

图 3-79　补泪滴和补圆环

(6) 最后可以在本地或者云端保存文件后，导出物料清单(BOM)和打包压缩的工程文件，就可发送给 PCB 厂商进行样板制作了。

第 4 章

实训项目 A：电源类（正负 12 V 直流稳压电源）

学习完前面的基础知识和查阅资料方法后，可以根据具体项目的要求进行理论设计和计算，并将计算结果代入仿真软件中进行验证，例如通过 Proteus、Matlab/Simulink、Multisim、Protel、OrCAD/PSPICE 等软件进行仿真验证，验证可行后再进行原理图绘制和 PCB 绘制。制作实物时，可先用面包板调试电路，调试好之后在洞洞板上焊接并再次调试，直到使用测试设备测试通过。学生在实训项目完成后，进行自测，再请老师进行系统测试，包括各项性能指标。

本章内容是制作一个正负 12 V 的直流稳压电源，可为后续实训项目提供电源，也可作为单独的电源类设计项目。实训过程中，学生可以与稳压直流电源仪器做对比，区分两者的原理和设计过程的差异。

4.1 直流稳压电源原理

直流稳压电源有以下 3 类。

(1) 化学电源：常用的有干电池、铅酸蓄电池、镍镉、镍氢、锂离子电池等。

(2) 开关稳压电路（DC - DC）：可升压和降压，功放管只工作在饱和区和截止区，即开和关状态，开关电源因此而得名，但其会产生电磁干扰（EMI）。它的优点是开关电源的变压器工作在几十千赫到几兆赫，体积小，重量轻；缺点是相对于线性电源来说噪声大、纹波大。

(3) 低压差线性稳压器（LDO）：其原理如图 4 - 1 所示，主要由调整管、参考电压（稳压管）、取样电路和误差放大电路等组成。常用芯片有 78XX、LM317、1117 等。其功率器件调整管工作在线性区，靠调整管之间的电压降来稳定输出。它的优点是稳定性高，噪声小，纹波小，可靠性高，易做成多路，输出连续可调；缺点是输入电压要高于输出电压，效率低。由于调整管静态损耗大，需要安装一个较大的散热器进行散热。又由于变压器工作在工频(50 Hz)上，所以体积、重量较大。硬件实物电路板如图 4－2 所示。

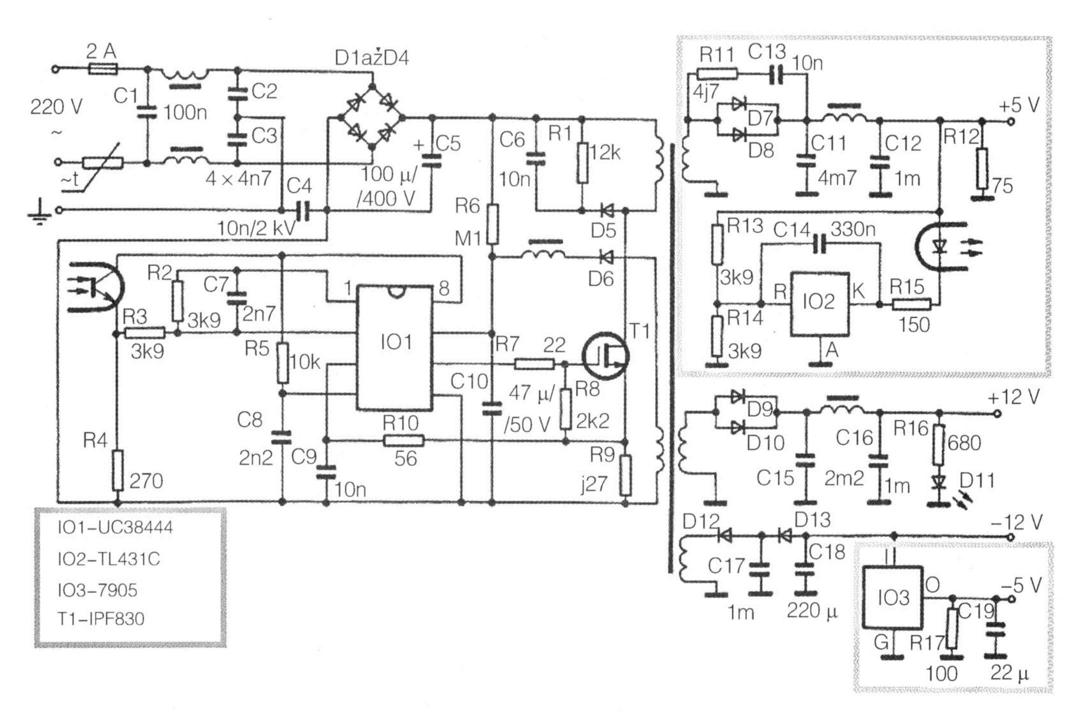

图 4－1　线性稳压电源电路原理

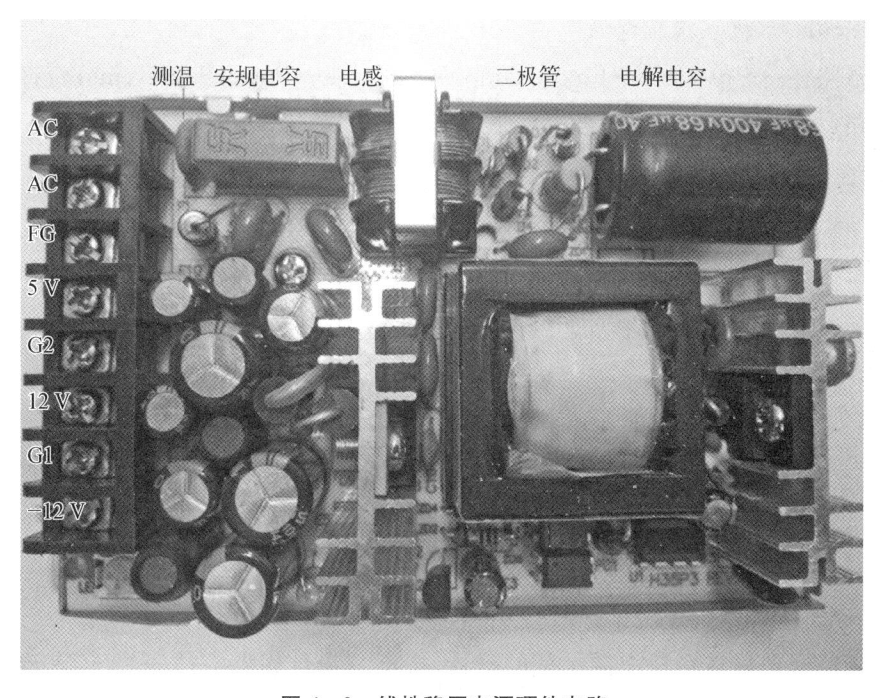

图 4－2　线性稳压电源硬件电路

4.2 设计要求及思路

(1) 设计要求：设计输出正负 12 V 的直流稳压电源，输入为 220 V、50 Hz 市电，输出正电压为 +12 V，输出负电压为 −12 V。使用嘉立创 EDA 进行原理图绘制和 PCB 绘制。

(2) 设计思路：选择线性稳压电源进行设计，是把交流电网 220 V 的电压通过电源变压器降为所需要的数值，然后通过整流、滤波和稳压电路，得到稳定的直流电压。总体结构为 AC—AC—DC—DC。

220 V、50 Hz 的交流电源经过有中间抽头的变压器后，得到副边交流电压，再经过整流电路得到直流，接入滤波电路后，输出电压平均值近似取值为副边电压的 1.2 倍，如果是负载开路，可以取 1.414 倍。然后再确定变压器的匝数比。

4.3 仿真及制作

先结合 Multisim 软件自带的示例了解直流稳压电源的原理，然后学生根据本章任务要求搭建±12 V 直流稳压电路进行仿真、绘制原理图和 PCB 图，并制作实物。

1) 示例：单极性稳压电源

打开路径：菜单 Help→Find examples→Search→PowerSupply.ms14，直接运行仿真电路(见图 4－3)，观察示波器波形，结果如图 4－4 所示。

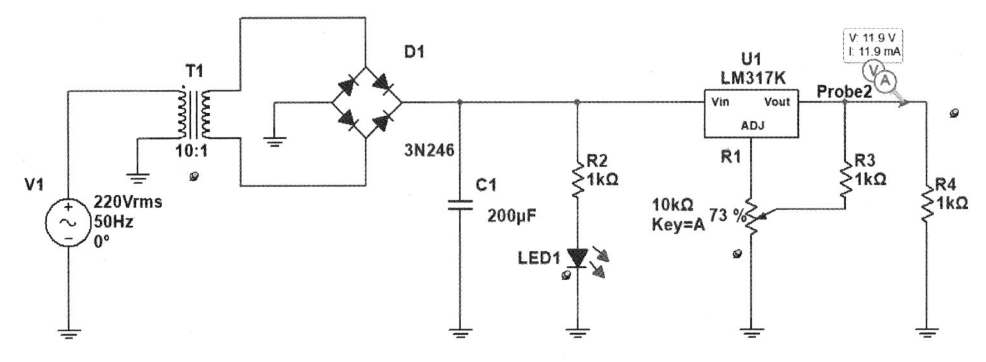

图 4－3　单极性稳压电源仿真图

2) 仿真

下面结合单极性稳压电源示例的设计，根据其设计思路完成±12 V 直流稳压电源的设计任务，参考电路如图 4－5 所示。

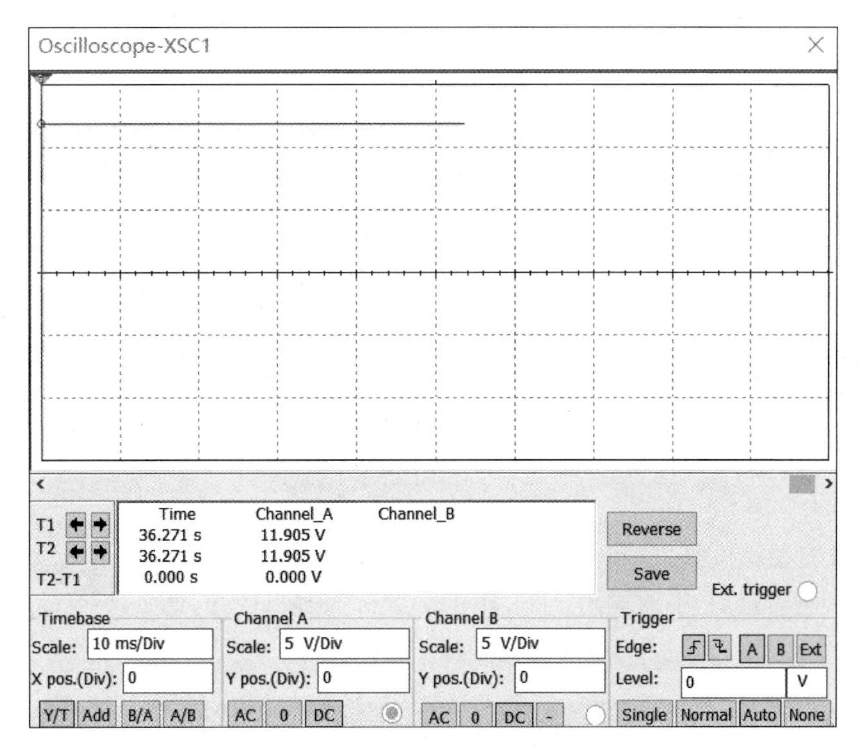

图 4-4　单极性稳压电源仿真结果图

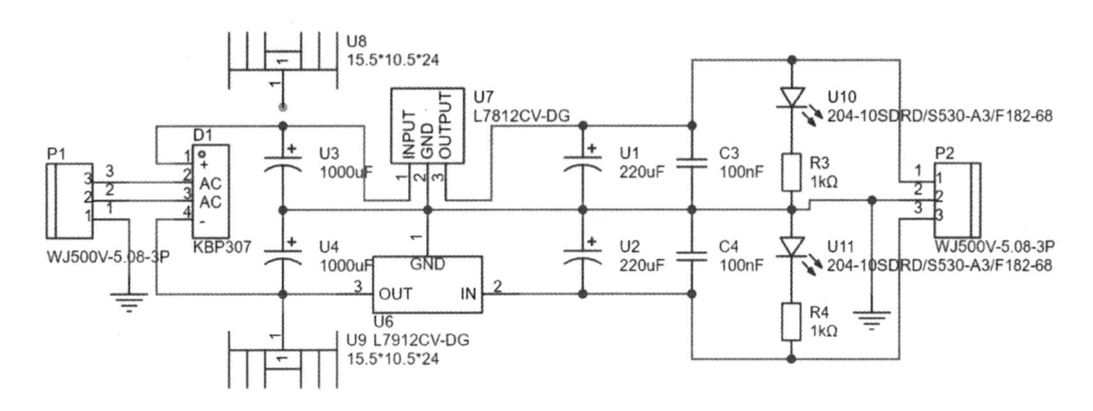

图 4-5　±12 V 直流稳压电源仿真及原理图

3）所需元器件

(1) 电解电容：1 000 μF 和 220 μF，各 2 个。

(2) 瓷片电容：0.1 μF，2 个。

(3) 电阻：1.5 kΩ，2 个。

(4) 整流桥：整流桥芯片，1 个。

(5) 稳压器：L7812 和 L7912，各 1 个。

(6) 输入输出针：40 针，1 个。

4）绘制 PCB 图

参考 PCB 图如图 4－6 所示。

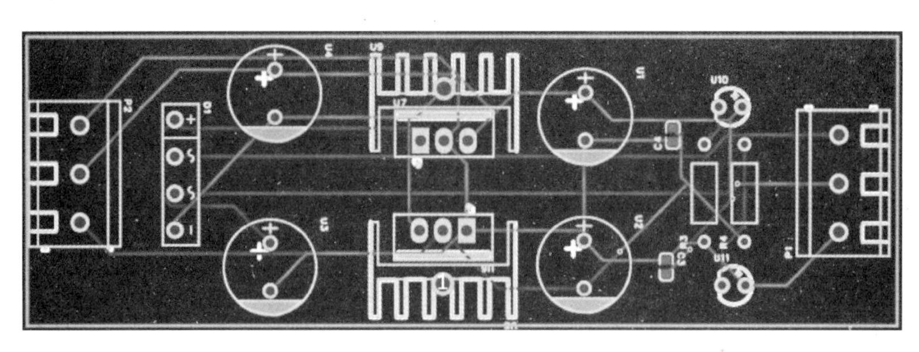

图 4－6　±12 V 直流稳压电源 PCB 图

5）制作实物

将 PCB 图转换成 2D 和 3D 图观察元器件大小及位置，如图 4－7 所示为 2D 图的正面，背面为焊接层，不放置元器件；如图 4－8 所示为 3D 图的正面，与成品的外形基本一致。

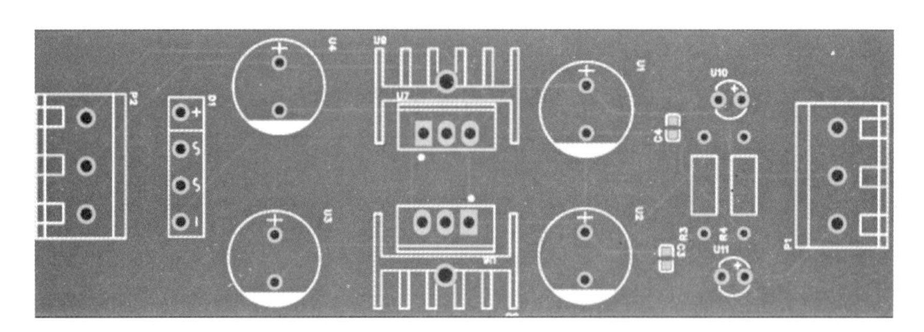

图 4－7　±12 V 直流稳压电源印刷电路 2D 图正面图

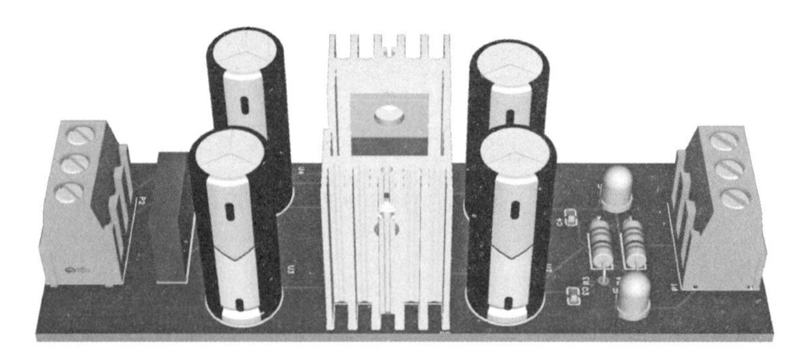

图 4－8　±12 V 直流稳压电源印刷电路 3D 图正面图

最后的硬件成品应包含一个变压器和稳压电源电路板。变压器可参考图 4－9，稳压电源电路板可参考图 4－10。其中输出端可添加两个 LED 灯作为输出指示灯，用两个 1 kΩ 电阻限流。

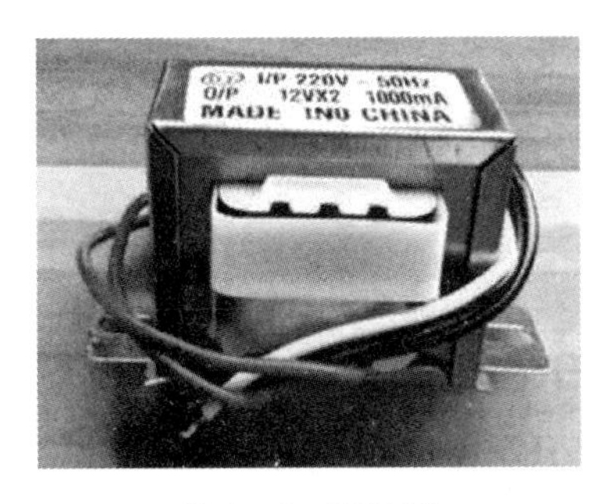

图 4-9　变压器

图 4-10　±12 V 直流稳压电源电路板

电容构成的滤波电路对整流电路输出的脉动直流进行平滑处理，使之成为含交变成分很小的直流电压。电容是一个能储存电荷的元件。有了电荷，两极板之间就有电压。在电容量不变时，要改变两端电压就必须改变两端电荷，而电荷改变的速度取决于充放电时间常数。时间常数越大，电荷改变得越慢，则电压变化也越慢，即交流分量越小，也就“滤除”了交流分量。

稳压器广泛使用的是固定输出的三端集成稳压器 78 和 79 系列，也可以采用单片集成稳压器 LM317 和 LM337，它们是把稳压电路的调整管、误差放大器、取样电路、启动电路、保护电路等集成在一个芯片上的专用集成电路。

第 5 章

实训项目 B：信号源类（函数信号发生器）

本章任务是制作一个能产生正弦波、三角波和方波的函数信号发生器电路，其可以为后续实训项目提供输入信号，也可作为单独的信号源类设计项目。学生可以与函数信号发生器做对比，区分原理和设计过程的差异。

5.1 信号源原理

信号源在生产实践和科技领域中有着广泛的应用。根据信号的特性和用途可以分为函数信号发生器、脉冲信号发生器和随机信号发生器等。其中函数信号发生器是能够产生多种波形，如三角波、锯齿波、矩形波（含方波）、正弦波，在电路实验和设备检测中具有十分广泛的用途。

函数信号发生器的实现方法通常有以下几种。

(1) 用分立元器件组成函数信号发生器。这类发生器通常是单函数信号发生器且频率不高，其工作不稳定，且不易调试，但最简单易制作。

(2) 可用晶体管、运放芯片等通用器件制作，更多的则是用专门的函数信号发生器芯片制作。早期的函数信号发生器芯片，如 L8038、BA205、XR2207/2209 等，它们的功能较少，精度不高，频率上限只有 300 kHz，无法产生更高频率的信号，调节方式也不够灵活，频率和占空比不能独立调节，二者互相影响。

(3) 利用单片集成芯片制作函数信号发生器。它能产生多种波形，可达到较高的频率，且易于调试。鉴于此，美国马克西姆公司开发了新一代函数信号发生器芯片——MAX038，其可以达到更高的技术指标，是上述芯片望尘莫及的。MAX038 频率高、精度好，因此被称为高频精密函数信号发生器芯片。在锁相环、压控振荡器、频率合成器、脉宽调制器等电路的设计上，MAX038 都是优选的芯片器件。

(4) 利用专用直接数字合成(DDS)芯片制作函数信号发生器。它能产生任意波形并达到很高的频率，但其成本较高。

5.2　设计要求

实现一个函数信号发生器，能够产生正弦波、三角波和方波；输出可以是电压型或电流型。

5.3　设计及仿真

采用模拟电路的方式实现信号发生器，设计原理如图 5-1 所示，用正弦波发生器产生正弦波信号，然后用过零比较器产生方波，再经过积分电路产生三角波。还有其他多种实现方式可灵活使用。

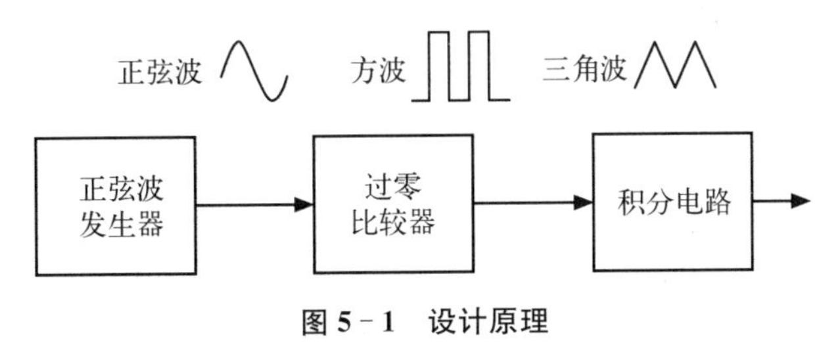

图 5-1　设计原理

1) RC 桥式正弦振荡电路

RC 桥式正弦振荡电路原理如图 5-2 所示。其中 R1、C1 为并联选频网络，R2、C2 为串联选频网络，接于运算放大器的输出与同相输入端之间，构成正反馈，用以产生正弦自激振荡。R3、RW 及 R4 组成负反馈网络，调节 RW 可改变负反馈的反馈系数，从而调节放大电路的电压增益，使电压增益满足振荡的幅度条件。

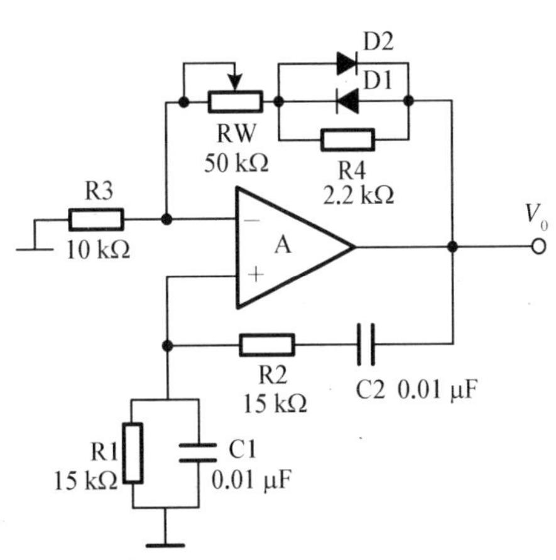

图 5-2　RC 桥式正弦振荡电路原理

为了使振荡幅度稳定，通常在放大电路的负反馈回路里加入非线性元件来自动调整负反馈放大电路的增益，从而维持输出电压幅度的稳定。图 5-2 中的两个二极管 D1、D2 便是稳幅元件。当输出电压的幅度较小时，电阻 R4 两端的电压低，二极管 D1、D2 截止，负反馈系数由 R3、RW 及 R4 决定；当输出电压的幅度增加到一定程度时，二极管 D1、D2 在正负半周轮流工作，其动态电阻与

R4 并联，使负反馈系数增大，电压增益下降。输出电压的幅度越大，二极管的动态电阻越小，电压增益也越小，输出电压的幅度保持基本稳定。

为了维持振荡输出，需

$$1+\frac{R_f}{R_3}=3$$

式中，R_f 为反馈电阻。

为了保证电路起振，需

$$1+\frac{R_f}{R_3}>3$$

$$R_f=R_W+(R_4 \mathbin{/\!/} R_D)$$

式中，R_D 为二极管等效电阻。

当 $R_1=R_2=R$，$C_1=C_2=C$ 时，电路的振荡频率为

$$f=\frac{1}{2\pi RC}$$

起振的幅值条件为

$$\frac{R_f}{R_3}\geqslant 2$$

在仿真软件里搭建仿真模型，如图 5-3 所示。调节各参数之后查看仿真结果，如图 5-4 所示。

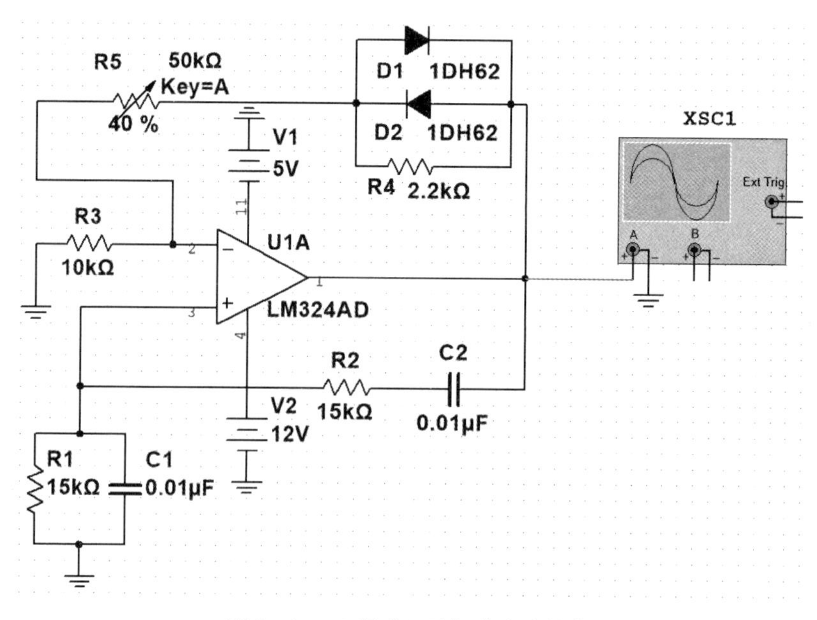

图 5-3　RC 桥式正弦振荡电路仿真

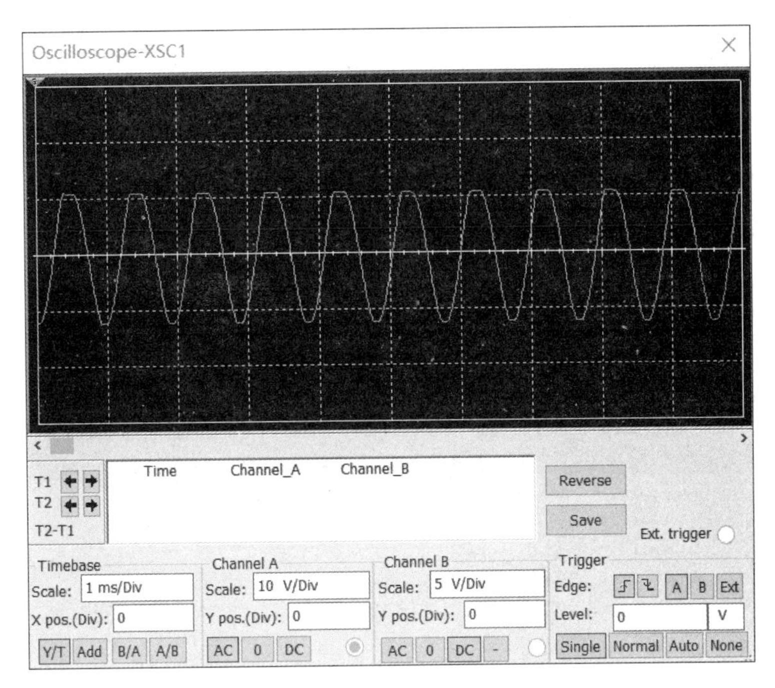

图 5－4　RC 桥式正弦振荡电路仿真结果

2）过零比较器

过零比较器是将集成运放的一个输入端接地，另一个输入端接输入电压进行电压比较的电路，在输入电压过零点附近，输出电压发生跃变。在仿真软件里搭建过零比较器的仿真模型，如图 5－5 所示。调节各参数之后查看仿真结果，如图 5－6 所示。

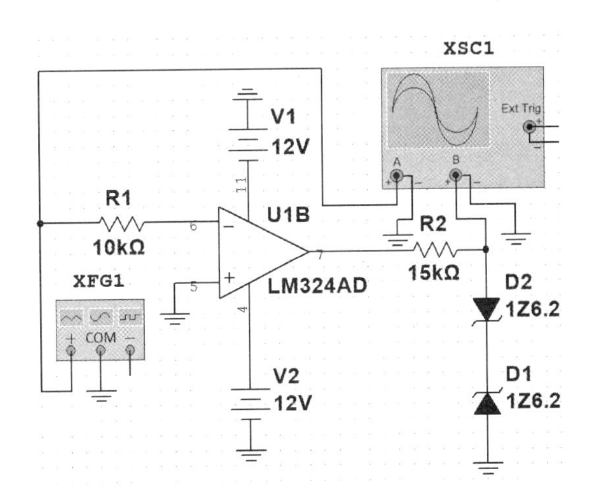

图 5－5　过零比较器仿真

其中 1Z6.2 为奇纳二极管，也称稳压管，它利用二极管的反向击穿后会保持一定的稳定电压的特性。通过稳压管的电流不能超过其最大反向电流，否则稳压管会损坏。参数：平均功耗为 1 W，奇纳电压为 6.2 V。

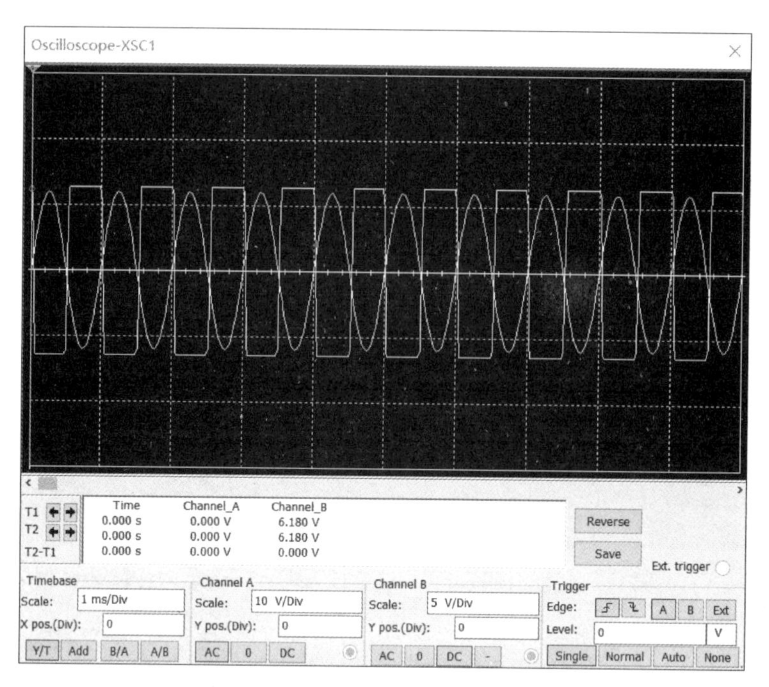

图 5-6　过零比较器仿真结果

3）积分电路

积分电路是使输出信号与输入信号的时间积分值成比例的电路，原理如图 5-7 所示。在仿真软件里搭建积分电路仿真模型，如图 5-8 所示。尝试输入不同的输入信号，观察输出电压波形。例如观察输入为方波或者正弦波时的输出电压波形。仿真结果如图 5-9 所示。

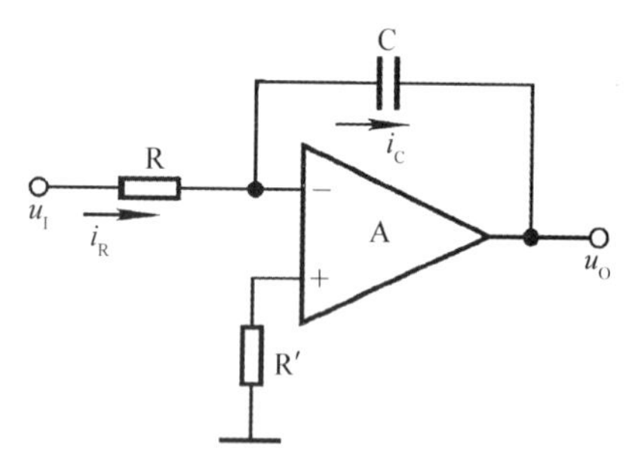

图 5-7　积分电路原理

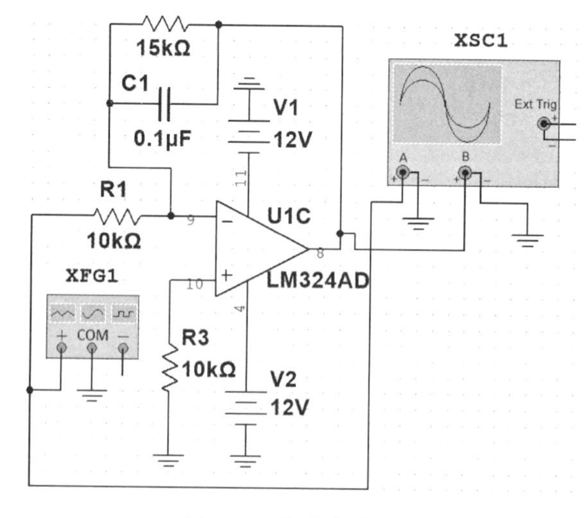

图 5-8　积分电路仿真

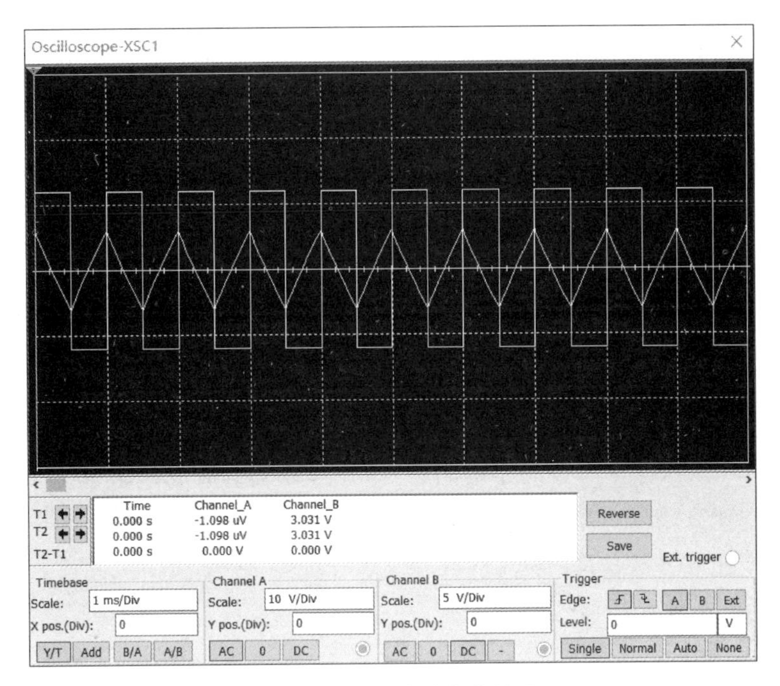

图 5－9　积分电路仿真结果

4）占空比可调的方波发生器

用数字集成器件 555 定时器组成多谐振荡器也是很好的一种方式，它可以产生占空比可调的方波，电路原理如图 5－10 所示，电路无须外加信号就能产生矩形振荡波输出。

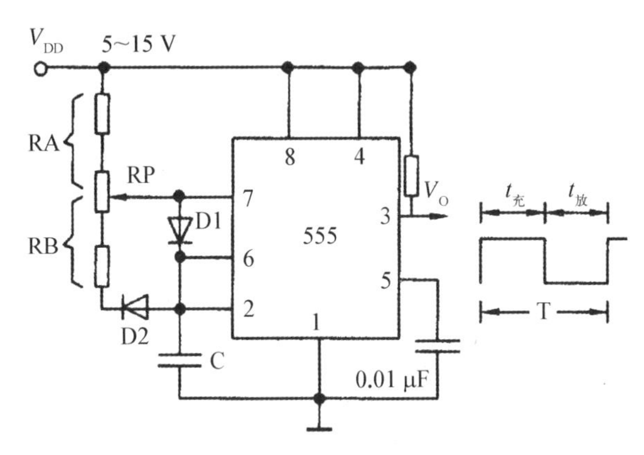

图 5－10　方波发生器电路原理

由于电路中二极管 D1、D2 具有单向导电性，使电容器 C 的充放电回路分开，调节电位器，就可以调节多谐振荡器的占空比。图 5－10 中 V_{DD} 通过 RA、D1 向电容器 C 充电，充电时间为

$$t_{充} \approx 0.7R_{A}C$$

电容器C通过D2、RB及555中三极管T放电，放电时间为

$$t_{放} \approx 0.7R_B C$$

因而振荡频率为

$$f = 1/(t_{充} + t_{放}) \approx 1.43/[(R_A + R_B)C]$$

电路输出波形的占空比为

$$q(\%) = R_A/(R_A + R_B) \times 100\%$$

设计步骤举例：

令 $C=0.1\ \mu F$，$f=1\ 000\ Hz$，由公式 $f=1/(t_{充}+t_{放}) \approx 1.43/[(R_A+R_B)C]$，可知 $R_A + R_B = 14.3\ k\Omega$。再令固定电阻 $R_1 = R_3 = 2\ k\Omega$，滑动电阻 $R_2 = 10\ k\Omega$，则

最小占空比 $q(\%) = R_A/(R_A + R_B) \times 100\% \approx 14.3\%$。

最大占空比 $q(\%) = R_A/(R_A + R_B) \times 100\% \approx 85.7\%$。

所以，可调范围为14.3%～85.7%。

5）组合仿真

将RC桥式正弦振荡电路、过零比较器和积分电路3部分组合起来进行仿真。因为LM324AD芯片是四运放芯片，仿真图5-11里的正负电源只需供一处即可。

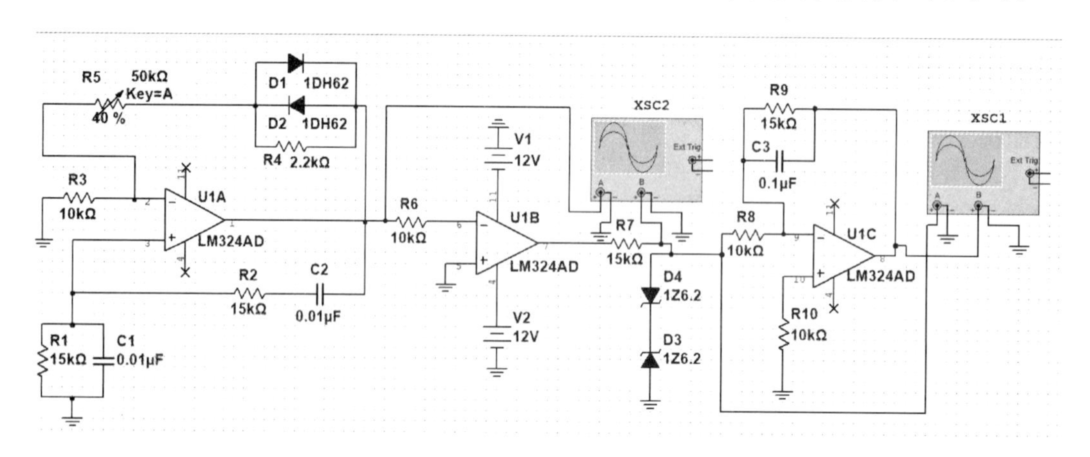

图5-11　组合仿真

第 6 章

实训项目 C：放大器类(二阶低通有源滤波器)

本章内容是制作一个二阶低通有源滤波器。二阶低通有源滤波器在电子学中非常重要，其广泛用于信号处理、数据传输和音视频处理等领域。它的主要功能是将高于一定频率的杂波信号滤掉，同时保留低于该频率的有效信号。

6.1 二阶低通有源滤波器原理

如果在一级 RC 低通电路的输出端加上一个电压跟随器，使之与负载很好地隔离开来，就可以构成一个简单的一阶低通有源滤波电路。电压跟随器的输入阻抗很高、输出阻抗很低，因此，其带负载能力很强。如果希望电路不仅有滤波功能，而且能起放大作用，就将电路中的电压跟随器改为同相比例放大电路。

但从幅频响应来看，一阶滤波器的滤波效果还不够好，它的衰减率只是 20 dB/10 倍频程。若要求响应曲线以 −40 dB/10 倍频程或 −60 dB/10 倍频程的斜率变化，则需采用二阶、三阶或更高阶次的滤波电路。实际上，高于二阶的滤波电路都可以由一阶和二阶有源滤波电路构成。所以，下面重点研究二阶有源滤波电路的组成和特性。

如果将二阶压控电压源低通滤波电路中的 R 和 C 的位置互换，就可得到二阶压控电压源高通滤波电路，且二者在电路结构、传递函数和幅频响应上存在对偶关系。如果将低通与高通滤波电路串联就可以构成带通滤波电路，条件是低通的截止角频率大于高通的截止角频率。如果将低通与高通滤波电路并联再加上求和电路就可以构成带阻滤波电路，条件是低通的截止角频率小于高通的截止角频率。

6.2　设计要求及思路

（1）设计要求：应用项目A所制作的稳压电源给芯片供电，设计并制作二阶低通有源滤波器电路。通过软件仿真和外接实验室设备两种方法，分别测试其电路性能，绘制出幅频和相频特性曲线。

（2）设计思路：

二阶低通有源滤波器的传输函数 $A(s)=\dfrac{A_U\omega_c^2}{s^2+\dfrac{\omega_c}{Q}s+\omega_c^2}$；

电压增益 $A_U=1+R_f/R_1$；

截止角频率 $\omega_c=1/RC=2\pi f_c$；

品质因数 $Q=1/(3-A_U)$，它的大小影响低通滤波器在截止频率处幅频特性的形状，通常取0.707，也可以根据增益的需要而设定，但 $A_U<3$ 才能稳定工作。

6.3　仿真及制作

1）设计

如图6-1所示为二阶低通有源滤波器的参考电路，可按照第3章内容绘制仿真图、原理图和PCB图。

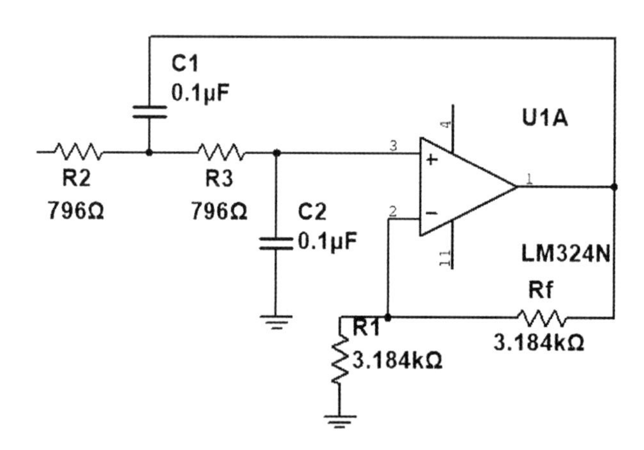

图6-1　二阶低通有源滤波电路图

给定截止频率 $f_c(\omega_c)$ 后，要从选电容器入手，因为电容标称值的分挡较少，电容难配，而电阻易配，可根据工作频率范围按照表6-1初选电容。通常 C 宜在微法数量级以下，R 一般为几百千欧以内。

表 6-1　滤波器工作频率与滤波电容取值的对应关系

f	(1～10)Hz	(10～10^2)Hz	(10^2～10^3)Hz	(1～10)kHz	(10～10^2)kHz	(10^2～10^3)kHz
C	(20～10)F	(10～0.1)μF	(0.1～0.01)μF	(10^4～10^3)pF	(10^3～10^2)pF	(10^2～10)pF

例如：取 $Q=1$，即增益为 2，截止频率为 2 000 Hz。

设定 $R_2=R_3=R$，$C_1=C_2=C$，根据截止频率，初步确定电容值 $C_1=C_2=C=0.1\ \mu\text{F}$，由 $\omega_c=1/RC=2\pi f_c$，$R_2=R_3=0.796\ \text{k}\Omega$，又根据 $Q=1$，得出 $R_f/R_1=1$，再根据运放两输入端的外接电阻必须满足平衡条件（$R_f \mathbin{/\!/} R_1=R_2+R_3$），得出 $R_f=R_1=4R=3.184\ \text{k}\Omega$。

2）仿真

取 $Q=1$，截止频率 $f_c=2\,000$ Hz，输入信号 f 取 N 组数据，根据测得的输入和输出信号曲线对比图 6-2～图 6-7，手动绘制出此电路的幅频曲线和相频曲线(伯德图)。分析后可知输出电压相位为 $-180°\sim0°$，即滞后，在截止频率时相位为 $-90°$。另自动绘制伯德图的方法可以参考第 3 章的仿真交流分析。

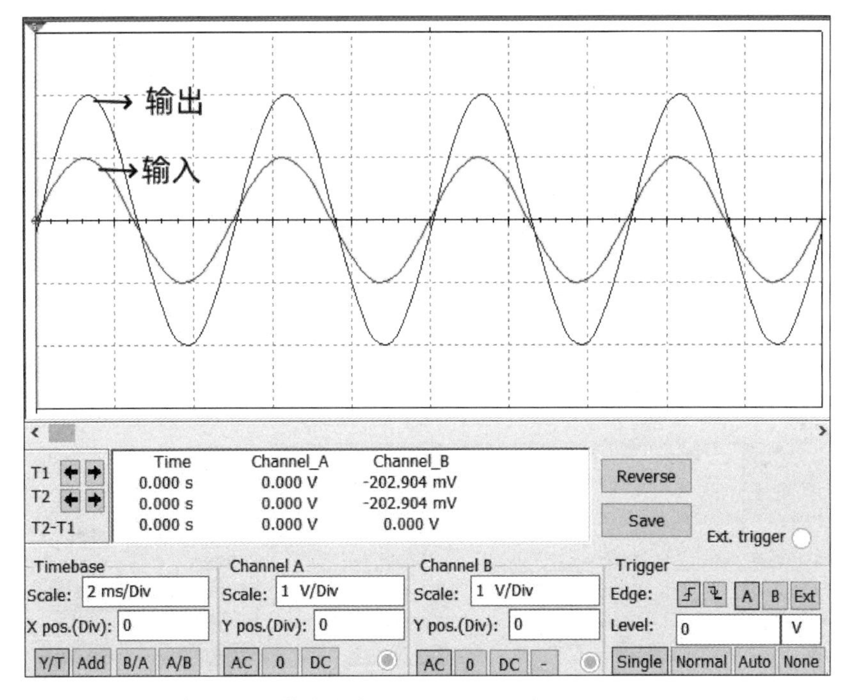

图 6-2　截止频率 $f_c=2\,000$ Hz，信号 $f=200$ Hz

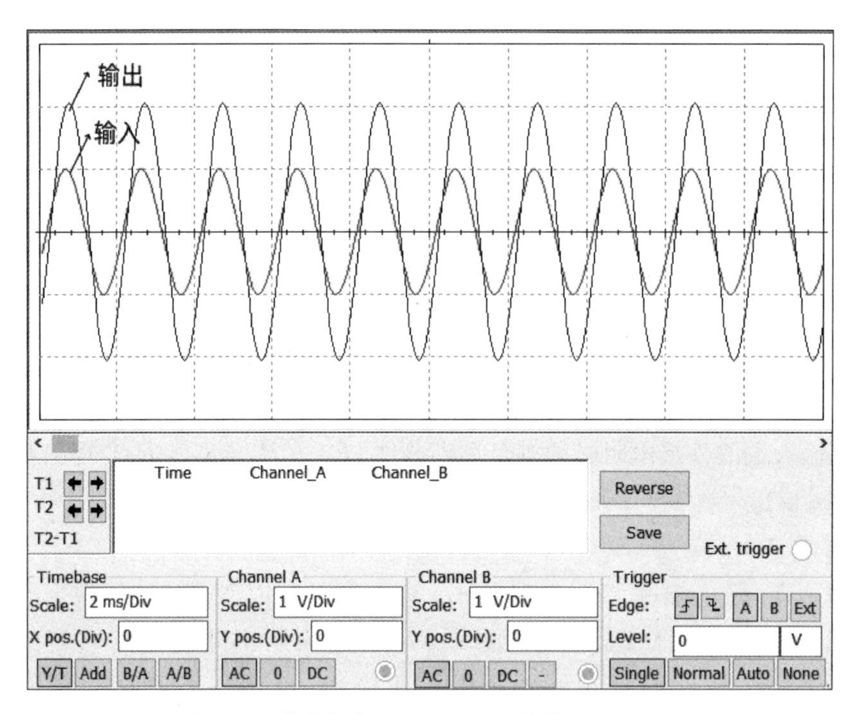

图 6-3　截止频率 f_c=2 000 Hz，信号 f=500 Hz

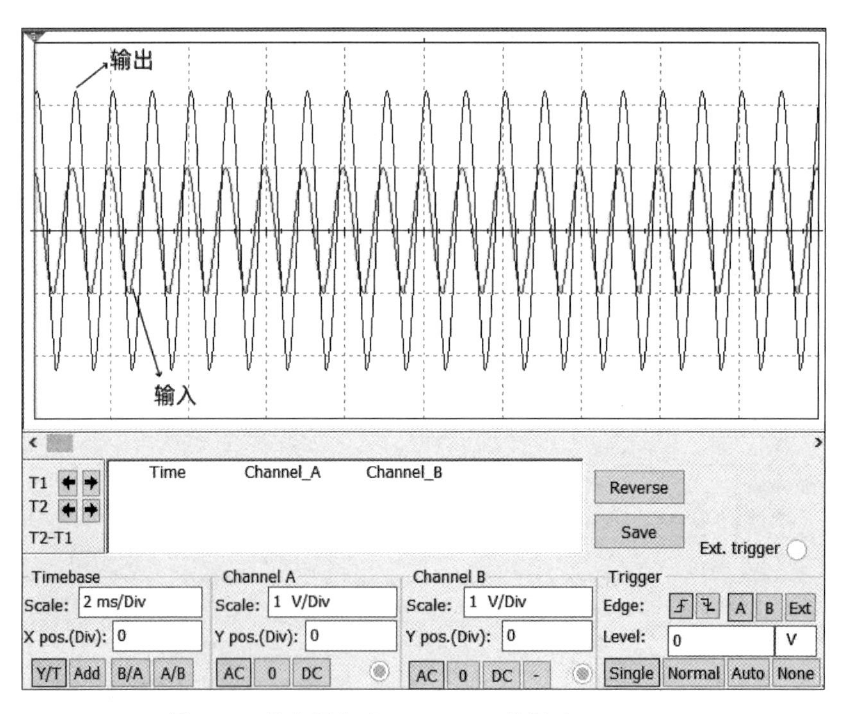

图 6-4　截止频率 f_c=2 000 Hz，信号 f=1 000 Hz

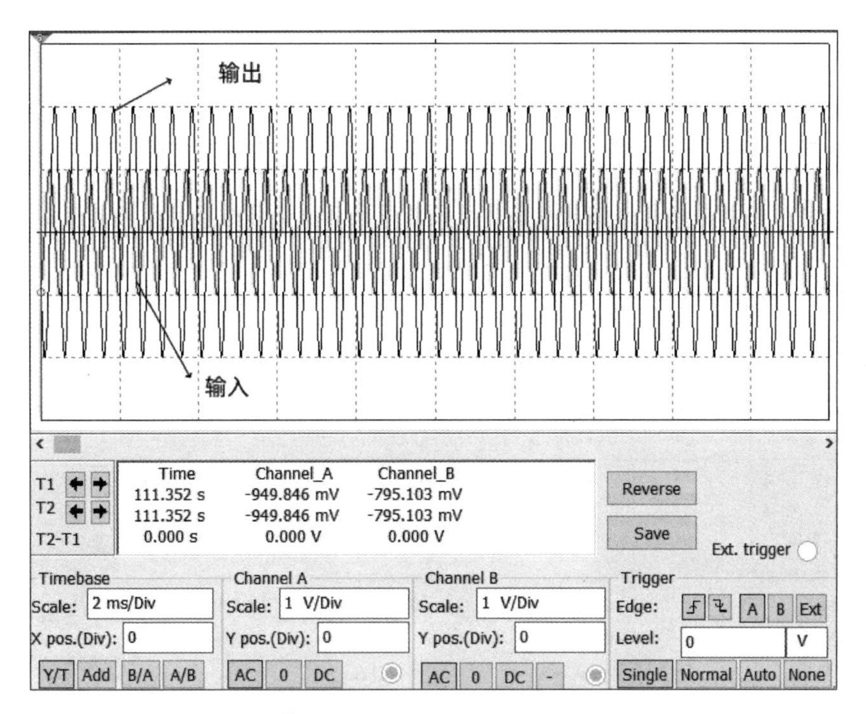

图 6-5　截止频率 f_c=2 000 Hz，信号 f=2 000 Hz

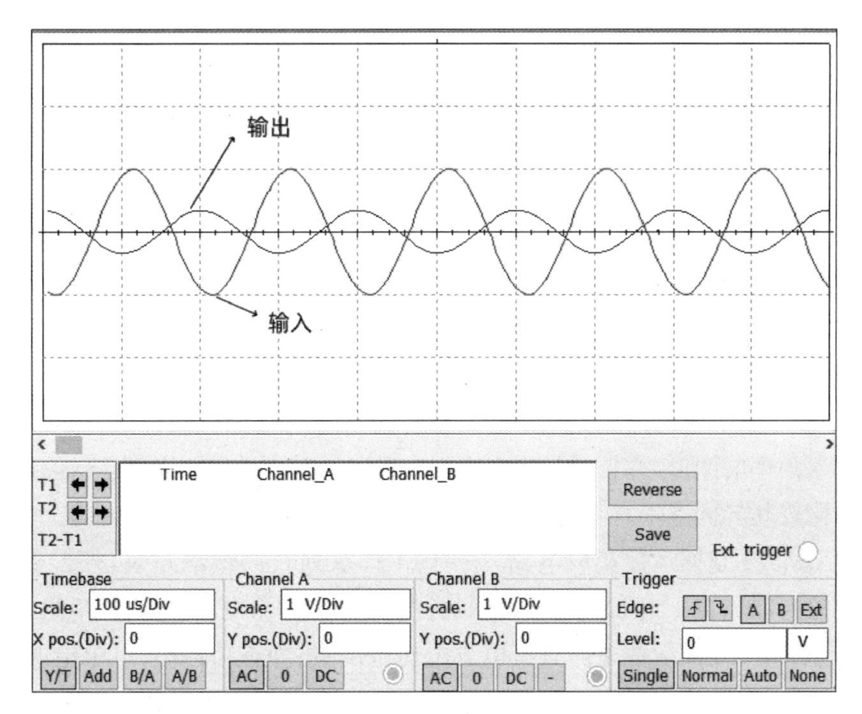

图 6-6　截止频率 f_c=2 000 Hz，信号 f=5 000 Hz

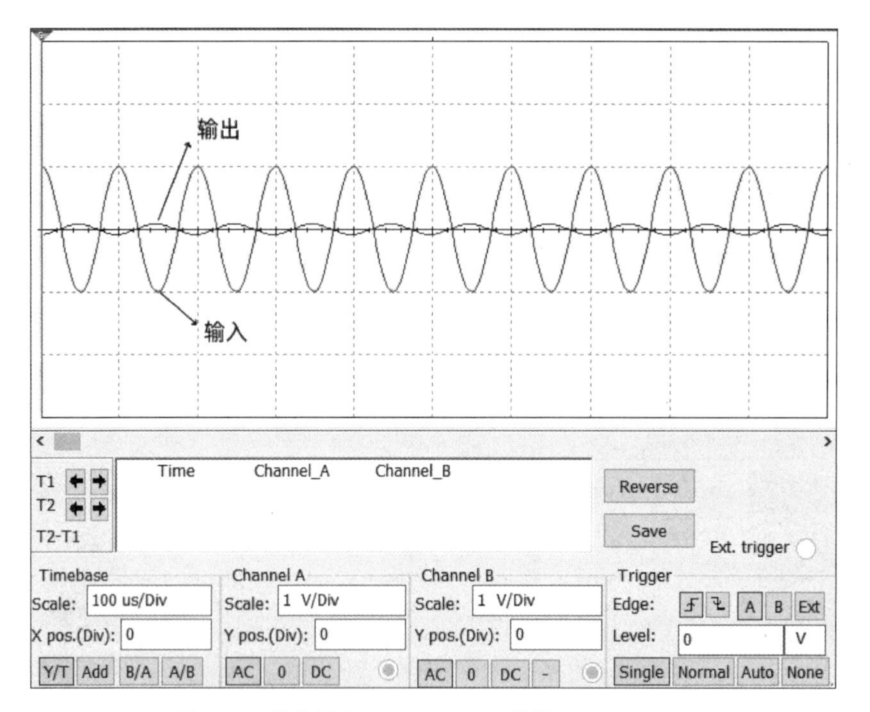

图 6－7　截止频率 f_c=2 000 Hz，信号 f=10 000 Hz

3）焊接电路板

焊接电路板所需元器件如下。

（1）万能板（洞洞板）：尺寸 5 cm×8 cm，1 块。

（2）LM324 芯片和芯片底座：14 针，各 1 个。

（3）电容：0.1 μF（104），2 个。

（4）滑动变阻器：5 kΩ 和 1 kΩ，各 2 个。

（5）输入输出排针：40 针，1 个。

（6）杜邦线：两端一针一孔，5 根。

4）学生作品示例

如图 6－8 所示为电路板正面图，如图 6－9 所示为电路板背面图，截取示波器上的不同输入频率的图形，并记录所测数据，绘制出幅频曲线和相频曲线（伯德图），与仿真过程比较其异同点。

其中 LM324 是四运放集成电路，采用 14 脚双列直插塑料封装，外形如图 6－8 所示。它的内部包含 4 组形式完全相同的运算放大器，除电源共用外，4 组运放相互独立。由于 LM324 四运放电路具有电源电压范围宽、静态功耗小、可单电源使用、价格低廉等优点，因此被广泛应用在各种电路中。注意在焊接和具体问题分析时，要运用第 2 章“芯片数据手册分析方法”中的数据和方法。

图 6-8　电路板正面

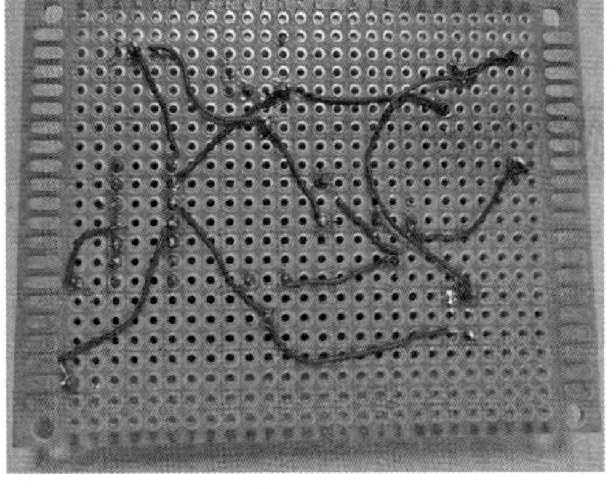

图 6-9　电路板反面

第 7 章

实训项目 D：高频无线电类（调频对讲机）

本章内容属于高频无线电类，目的是在了解基本通信原理的基础上学会安装、调试和使用调频对讲机。其中锡焊技术是电工电子工艺的基本操作，学生在练习这一技能的同时能培养耐心细致的工作作风。

7.1 调频对讲机原理

对讲机包含发射、接收、调制电路和信号处理 4 部分。调频对讲机的核心芯片是 1800，它作为收音机接收专用集成电路，功放部分选用芯片 2822。

1）发射

发射部分由音频（话筒）放大器、频率调制器、高频振荡器、功率放大器、功率驱动器、天线匹配回路和发射天线组成，如图 7－1 所示。音频放大器将话筒送来的声音电信号进行放大，以达到一定的幅度，从而去控制频率调制器，实现频率调制。

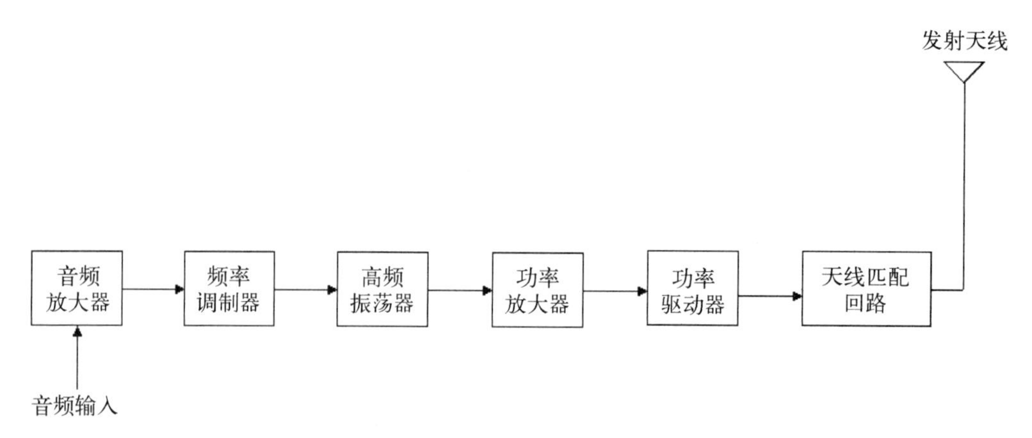

图 7－1　发射部分组成

频率调制器中变容管的电容量会随着变容管两端电压的变化而改变。当变容管两端的电压变化是由音频信号控制时，变容管的容量也将随着音频信号的变化而发生改变。高频振荡器的频率也会相应变化，从而实现频率调制(载波调频)。

产生的射频载波信号再经过功率放大器和功率驱动器，产生额定的射频功率，经过天线匹配回路进行低通滤波，抑制谐波成分，然后通过天线发射出去。

2) 接收

收音功能就是把空中的无线电波转换成高频信号，这一切是由接收天线来实现的。然后解调，即把调制在高频载波上的音频信号卸下来，常称作鉴频(FM)或检波(AM)。实现这一功能的电路叫鉴频器或频率解调器、频率检波器。最后鉴频出来的音频信号经放大来推动扬声器或耳机，即把声音恢复。

接收部分为二次变频超外差方式，如图7-2所示，从天线输入的高频信号经过收发转换电路和带通滤波器后进行射频放大(高放)，在经过带通滤波器时，进入一混频，将来自射频的放大信号与来自锁相环频率合成器电路的第一本振信号在第一混频器处混频并生成第一中频信号。第一中频信号通过晶体滤波器进一步消除邻道的杂波信号。

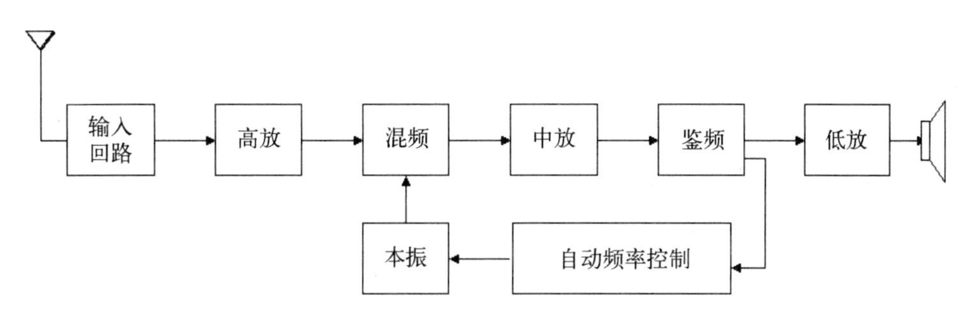

图7-2 二次变频超外差方式收音

滤波后的第一中频信号进入中频处理芯片，与第二本振信号再次混频生成第二中频信号，第二中频信号通过一个陶瓷滤波器滤除无用杂散信号后，被放大(中放)和鉴频，从而产生音频信号。

音频信号通过放大、带通滤波器、去加重等电路，进入音量控制电路和功率放大器放大(低放)，驱动扬声器，得到人们所需的信息。

3) 调制电路

人的话音通过麦克风转换成音频的电信号，音频信号通过放大电路、预加重电路及带通滤波器进入压控振荡器直接进行调制。

4) 信号处理

CPU产生亚音频信号(CTCSS/DTCSS)，经过放大调整，进入压控振荡器进行调制。接收鉴频后得到的低频信号，经过放大和亚音频带通滤波器的部分进行滤波整形，进入CPU，与预设值进行比较，将其结果控制音频功放和扬声器的输出。即如果与预设值相同，则打开扬声器，若不同，则关闭扬声器。

7.2 制作要求

1）理解对讲机的工作原理

现有调频对讲机的焊接套件，主要分为接收和发射两部分。对讲的发射部分采用两级放大电路，第一级为振荡兼放大电路；第二级为发射部分。采用 9018 三极管使发射效率和对讲距离大大提高。它具有造型美观、体积小、外围元件少、灵敏度极高、性能稳定、耗电省、输出功率大等优点。只要按要求装配无误，装好后稍加调试即可收到电台，无须统调，是电子技术改进更新的理想套件。它既能收到电台又能相互对讲，激发了学生的好奇心。收音机的参数：调频波段为 88～108 MHz；工作电源电压范围为 2.5～5 V；静态电流为 13.5 mA；信噪比＞80 dB；谐波失真＜0.8%；输出电流≥350 mA。发射机工作电流为 18 mA，对讲距离为 50～100 m。

(1) 收音接收部分。

如图 7－3 所示，调频信号由接收天线(TX)接收，经 C9 耦合到 Ic1 的 19 脚内的混频电路，元件构成本振的调谐回路。在 Ic1 内部混频后的信号经低通滤波器后得到 10.7 MHz 的中频信号，中频信号由 Ic1 的 7、8、9 脚内电路进行中频放大、检波，7、8、9 脚外接的电容为高频滤波电容，此时，中频信号频率仍然是变化的，经过鉴频后变成变化的电压。10 脚外接电容为鉴频电路的滤波电容，这个变化的电压就是音频信号，经过静噪的音频信号从 14 脚输出耦合至 12 脚内的功放电路，第一次功率放大后的音频信号从 11 脚输出，经过 R10、C25、RP，耦合至 Ic2 进行第二次功率放大，推动扬声器发出声音。

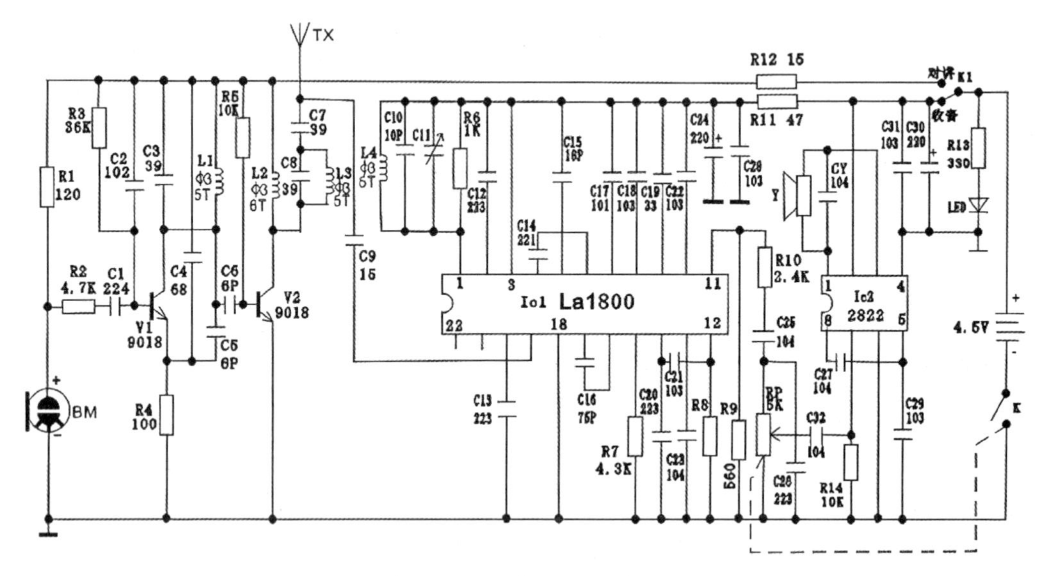

图 7－3　对讲机电路原理

(2) 对讲发射部分。

如图7-3所示，变化着的声波被驻极体转换为变化着的电信号，经过R1、R2、C1阻抗均衡后，由V1进行调制放大。C2、C3、C4、C5、L1及V1集电极与发射极之间的结电容构成一个LC振荡电路，在调频电路中，很小的电容变化也会引起很大的频率变化。当电信号变化时，相应的结电容也会有变化，这样频率就会有变化，就达到了调频的目的。经过V1调制放大的信号经C6耦合至发射管V2，通过TX、C7向外发射调频信号。V1为9018，是振荡放大三极管，V2为9018，是专用发射管。

2) 提高焊接装配技能、训练识图能力

如图7-3所示为对讲机的电路原理，如图7-4所示为芯片1800的内部结构及静态参考电压，如图7-5所示为芯片2822的内部结构及静态参考电压。

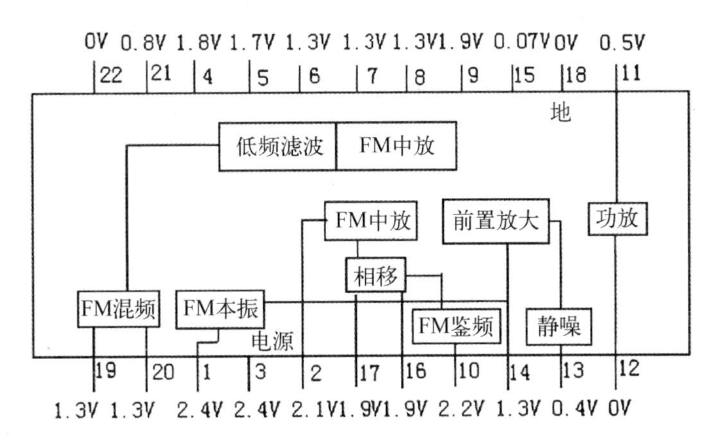

图7-4 芯片1800内部结构及静态参考电压

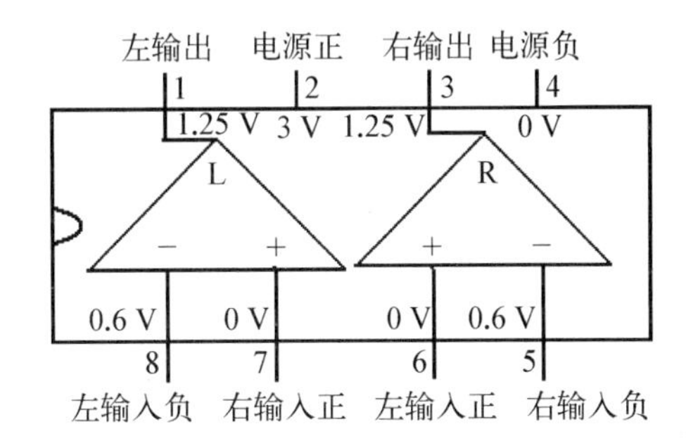

图7-5 芯片2822内部结构及静态参考电压

7.3 焊接装配

学生根据装配图等焊接装配对讲机。图7-6为对讲机实验板装配图，图7-7为对讲机元器件实物图，表7-1为元器件型号和数量表。

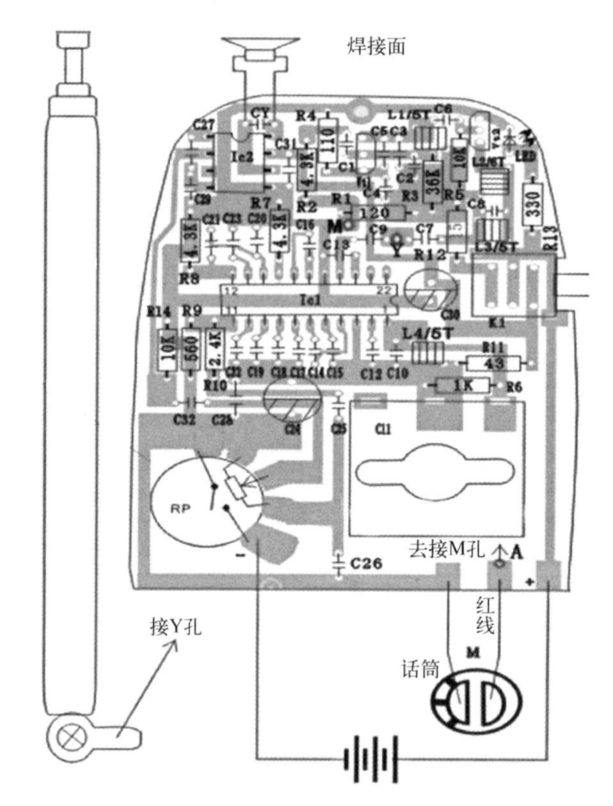

图7-6 对讲机实验板装配图

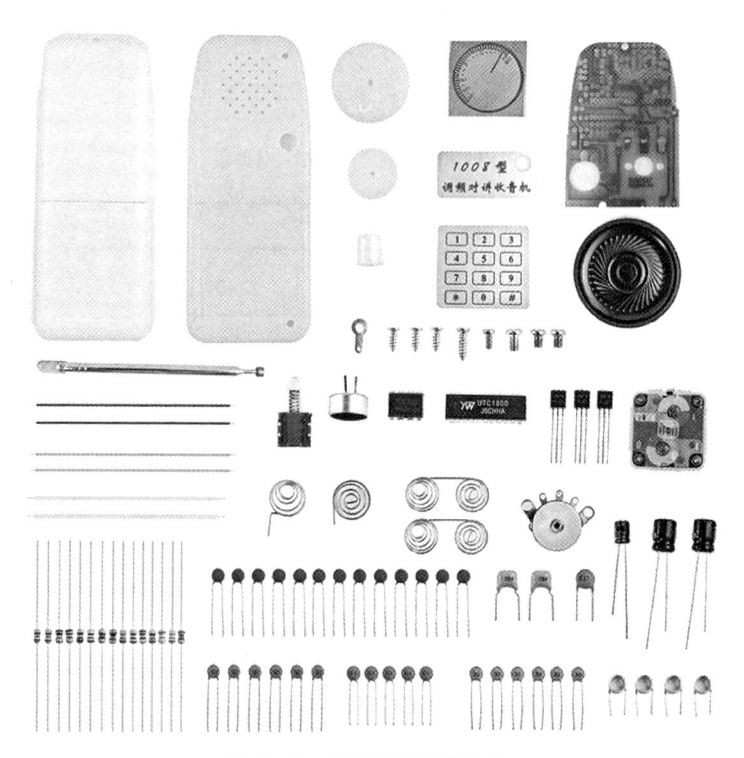

图7-7 对讲机元器件实物

表 7－1　元器件型号和数量

名称与参数	数量	名称与参数	数量	名称与参数	数量	名称与参数	数量	名称与参数	数量
R1 120 Ω	1	C3 39 pF	1	C19 33 pF	1	L2 ϕ3\6T	1	正负极片	2
R2 4.3 kΩ	1	C4 68 pF	1	C20 223 pF	1	L3 ϕ3\5T	1	焊片	1
R3 36 kΩ	1	C5 7 pF	1	C21 103 pF	1	L4 ϕ3\5T	1	ϕ2.5×6 自攻	2
R4 100 Ω	1	C6 7 pF	1	C22 103 pF	1	V1 9018H	1	ϕ 2.5×8 自攻	1
R5 10 kΩ	1	C7 39 pF	1	C23 104 pF	1	V2 9018H	1	ϕ 2.5×4 螺杆	3
R6 1 kΩ	1	C8 39 pF	1	C24 220 μF	1	LED ϕ3	1	ϕ 1.7×4	1
R7 4.3 kΩ	1	C9 15 pF	1	C25 104 pF	1	电位器	1	10 cm 细线	3
R8 4.3 kΩ	1	C10 10 pF	1	C26 223 pF	1	话筒	1	6 cm 细线	3
R9 560 Ω	1	C11 单联	1	C27 104 pF	1	Ic1　1800	1	平行线	1
R10 2.4 kΩ	1	C12 223 pF	1	C28 103 pF	1	Ic2　2822	1	电路板	6
R11 47 Ω	1	C13 223 pF	1	C29 103 pF	1	开关	1	喇叭	1
R12 15 Ω	1	C14 221 pF	1	C30 220 μF	1	开关按钮	1	拉杆天线	1
R13 330 Ω	1	C15 18 pF	1	C31 103 pF	1	大拨盘	1	机壳	1 套
R14 10 kΩ	1	C16 75 pF	1	C32 104 pF	1	小拨盘	1	图纸	1
C1 224 pF	1	C17 101 pF	1	CY 104 pF	1	电池正极片	1		
C2 102 pF	1	C18 103 pF	1	L1 ϕ3\5T	1	电池负极片	1		

第 8 章

实训项目 E：数据采集与处理类(光强检测系统)

数据采集与处理系统的开发可以使用的平台很多，常用的思路有以下几种。

1）以微处理器为核心的嵌入式系统

硬件设计主要包括信号调理电路、转换器、微处理器、通信接口电路及电源电路。其中微处理器包括单片机、数字信号处理器(DSP)和现场可编程门阵列(FPGA)等嵌入式可编程芯片。而软件设计主要包括处理器嵌入式程序、通信协议及人机界面程序(有上位机的情况)。如图 8-1 所示是该系统的一般结构。

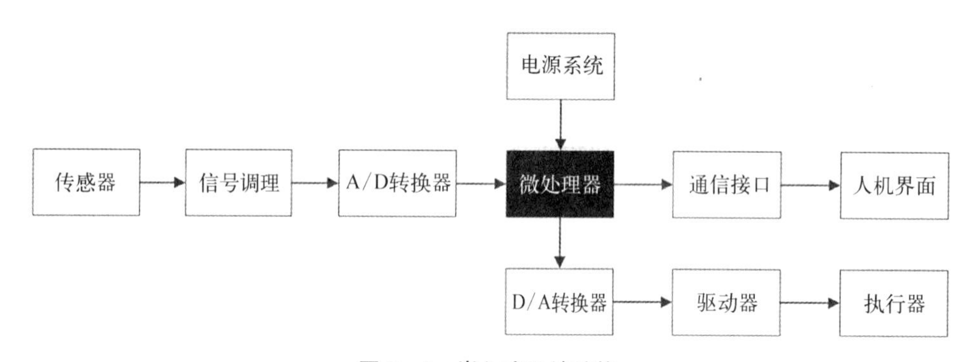

图 8-1　嵌入式系统结构

这是最底层也是最复杂的解决方案。首先需要设计硬件电路，经历制作样板的过程。然后需要编写程序，程序分为嵌入式程序和上位机程序两部分。嵌入式程序通常是 C 语言编写，上位机程序可选的编程语言比较多，流行的有 Arduino、C＃、C＋＋、Labview、LabWindows、VB 等。程序编写完成后还需要软硬件的联调，以及上位机与单片机程序的联调。

2）以采集卡为核心的系统

采集卡包含了 A/D、D/A 转换电路及通信接口的硬件。同时，不少采集卡还具有脉冲宽度调制(PWM)、输入输出(IO)接口等功能，可以适应更宽范围的应用场合。采集卡附带的各功能软件均留有程序接口，可以快速地调用组建个性化应用。上位机程序语言主要是 Labview、LabWindows、VB 等。如图 8-2 所示是该系统的一般结构。

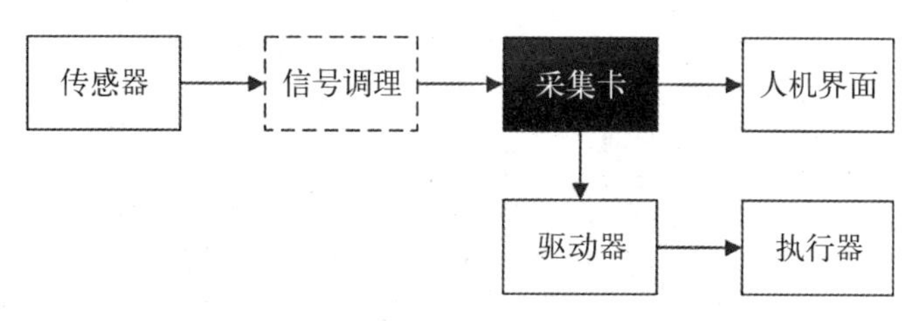

图 8-2　采集卡系统结构

相对于单片机方案，使用采集卡作为系统核心简化了硬件设计及软件编写。应用美国国家仪器有限公司（NI）、研华的数据采集卡进行批量生产的成本较高，国产的采集卡价格低，但应用 Labview 软件编写程序需要另外的接口函数。

3）以可编程逻辑控制器（PLC）为核心的系统

PLC 主要适用于稳定性高、速度较低的工业控制系统，应用场景比较有限。其专业性强，成本更高。

8.1　硬件选型

在本项目中，优先选择一个可以快速上手的单片机系统。Arduino 是一个能够用来感应和控制现实物理世界的一套工具。它由一个基于单片机且开放源代码的硬件平台和一套为 Arduino 板编写程序的开发环境组成。硬件是基于 Atmel 的 ATMEGA8 和 ATMEGA168/328 单片机。

Arduino 软件是开源的，其基于 AVR 平台，对 AVR 库进行了二次编译封装，把端口都打包好了，寄存器和地址指针等对于初学者来说基本不用管，大大降低了软件开发的难度。但缺点和优点并存，因为是二次编译封装，代码不如直接使用 AVR 代码编写精练，代码执行效率与代码体积都弱于 AVR 直接编译。

其基本性能如下。

（1）数字输入/输出端口（Digital I/O）有 0～13 端口。

（2）模拟输入/输出端口（Analog I/O）有 0～5 端口。

（3）支持在线程序烧写方式（ICSP）下载，支持串口方式（TX/RX）。

（4）输入电压是 USB 接口供电或者 5～12 V 外部电源供电。

（5）输出电压支持 3.3 V 和 5 V DC 输出。

（6）处理器使用 Atmel Atmega168/328 处理器，因其支持者众多，已有公司开发出 32 位的 MCU 平台支持 Arduino。

Arduino Uno 控制板如图 8－3 所示。

图 8－3　Arduino Uno 控制板

8.2　软件环境及定义

程序的构架大体可分为 3 部分：声明变量及接口名称(int val;int ledPin=13;)；初始化变量、接口模式、启用库等[使用 setup()函数，例如：pinMode(ledPin, OUTUPT);]；程序循环执行[loop()]。

以下为一些 Arduino 的关键字和符号。

1) 常量

HIGH | LOW：数字 I/O 口的电平，HIGH 表示高电平(1)，LOW 表示低电平(0)。

INPUT | OUTPUT：数字 I/O 口的方向，INPUT 表示输入(高阻态)，OUTPUT 表示输出(AVR 能提供 5 V 电压 40 mA 电流)。

true | false：其中 true 表示真(1)，false 表示假(0)。

2) 结构

void setup()：设置初始化变量，管脚模式，调用库函数等。

void loop()：连续执行函数内的语句。

3) 数字 I/O

pinMode(pin, mode)：数字 I/O 口输入输出模式定义函数，pin 可为 0～13，mode 可为 INPUT 或 OUTPUT。

digitalWrite(pin, value)：数字 I/O 口输出电平定义函数，pin 可为 0～13，value 可为 HIGH 或 LOW。例如定义 HIGH 可以驱动 LED。

int digitalRead(pin)：数字 I/O 口读输入电平函数，pin 可为 0～13，value 可为

HIGH或LOW。例如可以读数字传感器。

4) 模拟I/O

int analogRead(pin)：模拟I/O口读函数，pin可为0～5(Arduino Diecimila型号为0～5，Arduino nano型号为0～7)。例如可以读模拟传感器(10位AD，0～5 V表示为0～1023)。

analogWrite(pin, value)：数字I/O口PWM输出函数，Arduino数字I/O口标注了PWM的I/O口可使用该函数，pin可为3，5，6，9，10，11，value可为0～255。例如可用于电机PWM调速或音乐播放。

8.3　信号模块及其他模块

信号模块根据信号类型可分为数字量模块和模拟量模块。根据输出类型可分为输入信号模块、输出信号模块。因此信号模块主要分为4类：数字量输入模块(DI)、数字量输出模块(DO)、模拟量输入模块(AI)和模拟量输出模块(AO)。其他模块主要有通信模块和电源模块等。

8.3.1　数字量输入(digital input，DI)

按压式按钮模块如图8-4所示。在数字电路中开关(switch)是一种基本的输入形式，它的作用是保持电路的连接或者断开。Arduino从数字I/O管脚上只能读出高电平(5 V/3.3 V)或者低电平(0 V)，对于不同电路还要区分正逻辑(positive logic)和负逻辑(inverted logic)。有的开关还要注意是否带自锁功能。

图8-4　按压式按钮模块

8.3.2　数字量输出(digital output，DO)

蜂鸣器发声模块如图8-5所示，是一种一体化结构的电子讯响器，广泛在计算机、打印机、复印机、报警器、电子玩具、汽车电子设备、电话机、定时器等电子产品中用作发声器件。有源蜂鸣器内部带振荡源，所以只要一通电就会叫。而无源蜂鸣器内部不带振荡源，所以如果用直流信号无法令其鸣叫，必须用2～5 kHz的方波去驱动它。

图8-5　蜂鸣器发声模块

发光二极管如图8-6所示，是一种能够将电能转化为可见光的固态半导体器件。RGB LED模块由一个插件全彩LED制成，通过R、G、B 3个引脚的PWM电压输入可以调节3种基色(红/蓝/绿)的强度，从而实现全彩的混色效果。

图 8 - 7　激光模块

图 8 - 6　发光二极管和 3 色全彩 LED(贴片和插件式)

图 8 - 8　继电器模块

蜂鸣器和发光二极管为数字量输出，在一定范围内也可以作为模拟量输出。

激光模块如图 8 - 7 所示，通过 S 端来开启，可以发射持续的激光，也可以发射脉冲波，可用于玩具激光枪或激光测距仪等。

继电器模块如图 8 - 8 所示，它适合驱动大功率的电器，如电灯、电风扇和空调等。单片机接继电器可以实现弱电控制强电。

8.3.3　模拟量输入(analog input，AI)

温度传感器如图 8 - 9 所示，它是利用物质特性随温度变化的规律，把温度转换为电量的传感器。LM35 工作电压为 4～30 V，工作电流不超过 60 μA。根据芯片数据手册，可以知道 LM35 传感器的输出电压与温度呈线性关系，0 ℃时输出为 0 V，每升高 1 ℃，输出电压增加 10 mV。

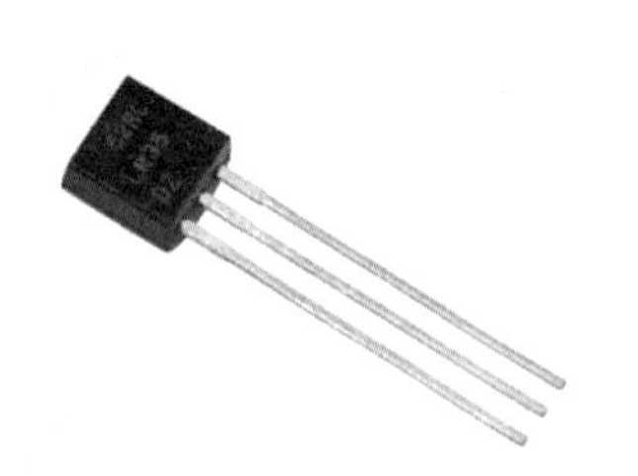

图 8 - 9　温度传感器 LM35

图 8 - 10　麦克风声音传感器

麦克风声音传感器如图 8 - 10 所示，它内部有一个薄隔膜和一个金属背板。当对着麦克风说话时，声音会产生声波撞击隔膜，导致其振动，从而电容发生变化。金属板上会产生电压，我们可以通过测量电压来确定声音的幅度。

土壤湿度传感器如图 8－11 所示，它包含一个叉形探针，该探针带有两个裸露的导体，可进入土壤或要测量水含量的其他任何地方。探针相当于可变电阻器，其电阻会根据土壤湿度而变化。

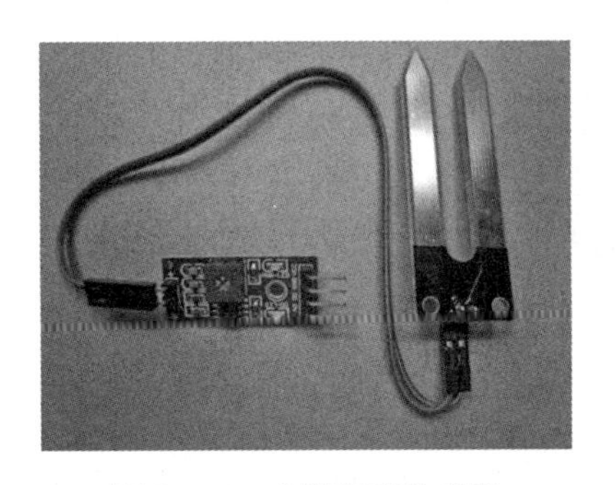

图 8－11　土壤湿度传感器

图 8－12　光线传感器(光敏电阻)

光线传感器如图 8－12 所示，它实质是一个光敏电阻，可根据光的照射强度改变其自身的阻值。因为 AVR 芯片是 10 位的采样精度，输出值为 0～1 023。当光照强烈时，其值减小，光照减弱时，其值增加。完全遮挡光线时，其值最大。

旋转角度电位计如图 8－13 所示，它当作旋转位置传感器使用时，输出一个电压值，其正比于沿着可变电阻器滑动的位置。

图 8－13　旋转角度电位计

图 8－14　电压检测传感器

图 8－15　火焰传感器

电压检测传感器如图 8－14 所示，一般控制器模拟接口检测输入电压上限为 5 V，也就是说大于 5 V 的电压将无法直接检测。通过电压检测模块能够实现检测大于 5 V 的电压，此模块基于电阻分压原理所设计，能使红色端子接口输入的电压缩小 5 倍，模拟输入电压上限为 5 V，那么电压检测模块的输入电压则不能大于 5 V×5＝25 V(如果用到 3.3 V 系统，输入电压不能大于 3.3 V×5＝16.5 V)。因为所用 AVR 芯片为 10 位 AD，所以此模块的模拟分辨率为 0.004 89 V(5 V/1023)，故电压检测模块检测输入电压下限为 0.004 89 V×5＝0.024 45 V。

火焰传感器如图 8－15 所示，它通过捕捉火焰中的红外波长来检测火焰。能够检测到 4.1～4.7 μm 范围的中红外波长信号，适用于火灾预警。

烟雾气敏传感器如图 8－16 所示，当所处环境中存在可燃气体时，传感器的电导率随空气中可燃气体浓度的增加而增大。电导率的变化可以转换为与该气体浓度相对应的输出信号。其对液化气、丁烷、丙烷、甲烷、酒精、氢气、烟雾等敏感度高，适用于制作家庭或工厂的气体泄漏监测装置。

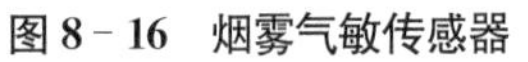
图 8－16　烟雾气敏传感器

图 8－17　温湿度传感器

图 8－18　敲击传感器

数字温湿度传感器如图 8－17 所示。温湿度传感器 DHT11 包括 1 个电阻式感湿元件和 1 个 NTC 测温元件，体积小，功耗低，信号传输距离可达 20 m 以上，供电电压为 3～5.5 V，供电电流最大为 2.5 mA，温度范围为 0～50 ℃，误差为±2 ℃，湿度范围为 20%～90%RH，误差为±5%RH。其中 RH 表示相对湿度。

敲击传感器如图 8－18 所示，它能感受较小振幅的振动，比振动开关更灵敏一些。余震的时间能维持稍微久一点。

超声波传感器如图 8－19 所示，使用电压为 DC5 V，静态电流<2 mA，感应角度不大于 15°，探测距离为 2～450 cm，模块特性性能稳定，测量距离精准，盲区超近（小于 2 cm），兼容 GH－311 防盗模块。

图 8－19　超声波传感器

8.3.4　模拟量输出（analog output，AO）

模拟声音传感器如图 8－20 所示，它有 2 个输出：AO，模拟量输出，实时输出麦克风的电压信号；DO，当声音强度到达某个阈值时，输出高低电平信号，阈值灵敏度可以通过电位器调节。

图 8－20　模拟声音传感器

8.3.5　通信模块

如图 8－21 所示为无线蓝牙串口透传模块，其体积小、功耗低，工作在 2.4 GHz 频段。其在功能上支持低功耗广播、数据透传、空中配置，广泛应用于智能穿戴、家庭自动化、家庭安防、个人保健、智能家电、配饰与遥控器、汽车、照明、工业互联网、智能数据采集、智能控制等领域，最大支持连续传输速率为 921 600 b/s。

图 8－21　无线蓝牙串口透传模块

图 8－22　红外接收传感器

如图 8－22 所示为红外接收传感器，其工作电压为 3.3～5 V，输出标准红外码，接收频率 38 kHz 载波红外码，发射距离视发射端而定，约为 1～8 m，适用于红外通信和红外遥控。

如图 8－23 所示为红外发射模块，通过控制红外发射二极管的通断来发送红外光信号。其常与红外接收模块配合使用，用于测距、避障和安防等功能。

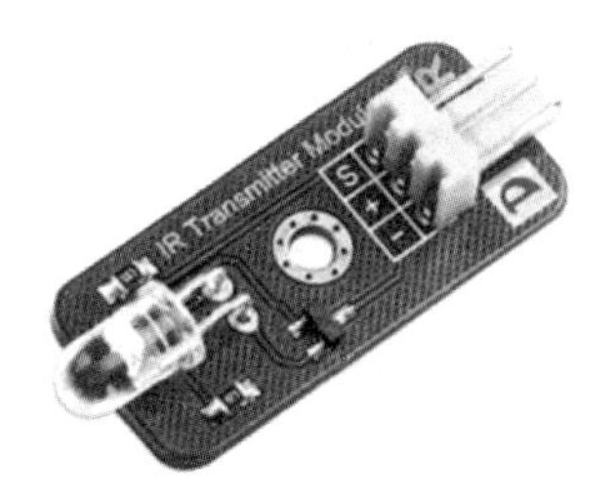

图 8－23　红外发射模块

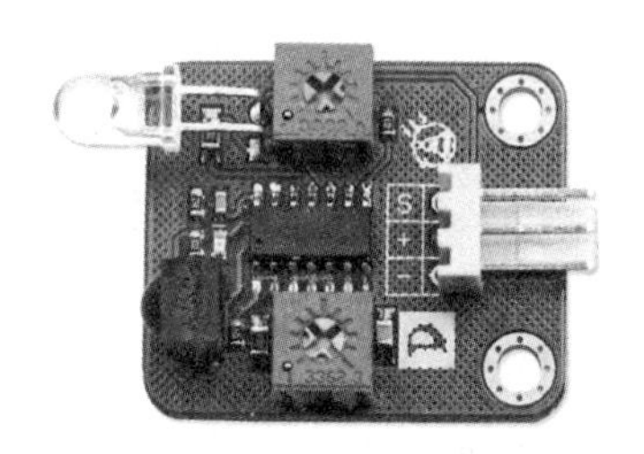

图 8－24　红外避障传感器(包含一个红外发射和一个红外接收)

如图 8－24 所示为红外避障传感器，根据红外反射的原理来检测前方是否有物体。当前方没有物体时，接收不到红外信号。当前方有物体时，物体会遮挡并反射红外光，此时能检测到信号。

8.4　例程

本章使用的数据采集与处理类的单片机系统可以让学生在电子实习中快速上手操作，短时间内可以搭建出数据采集系统作为示波器使用，也可以配合项目 C 中的运放芯片搭建反相器和滤波电路作为项目 A 正负直流稳压电源使用，还可以作为项目 B 中的函数信号发生器使用。本章任务是根据例程和提供的各种不同模块，制作出自己的创意作品。

本章例程是一个测量光强的装置，可以配合使用其他光源模块，根据光强的大小，光敏电阻模块可以输出模拟量信号和数字量信号。如图 8－25 所示为实物装置，如图 8－26 所示为程序调试图。

图 8-25　光敏电阻接线图

图 8-26　程序调试图

光敏电阻模块有以下 2 个输出。

(1) AO,模拟量输出,实时输出光敏电阻的电压信号。Arduino 读模拟引脚,返回 0～1 023 之间的值。每读一次需要花 1 μs 的时间。

(2) DO,当光照强度超过某个阈值时,输出低电平信号,其阈值灵敏度可以通过电位器调节。

第 9 章

电子测试及报告撰写

学生完成实习项目之后，需要对自己所做产品进行测试，发现问题要进行调整。经多次调试满意后，老师再进行测试，然后老师根据成绩评定流程给出成绩。

9.1 电子测试

在工业生产过程中，工程师为了保证产品质量，需要采用各类测试技术进行检测，从而及时发现缺陷和故障并修复。

9.1.1 常用测试技术介绍

整个电子产品的测试行业有软件测试、硬件测试和系统集成测试。

软件测试已有行业标准(IEEE/ANSI)，1983 年 IEEE 提出的软件工程术语中对软件测试的定义是：“使用人工或自动的手段来运行或测定某个软件系统的过程，其目的在于检验它是否满足规定的需求或弄清预期结果与实际结果之间的差别”。其不是一次性和开发后期的活动，而是与整个开发流程融合成一体的。软件测试已成为一个专业，需要运用专门的方法和手段，需要专门人才和专家来承担。

硬件测试根据测试方式的不同，分为接触式测试和非接触式测试。接触式测试是传统测试方式，主要有在线测试(in circuit tester)和功能测试(functional tester)。非接触式测试有自动光学检测(automatic optics inspector, AOI)和自动射线检测(automatic X-ray inspector, AXI)等。

在线测试是测量时使用专门的针床与已焊接好的线路板上的元器件接触，并用数百毫伏电压和 10 mA 以内电流进行分立隔离测试，从而测出所装电阻、电感、电容、二极管、三极管、可控硅、场效应管、集成块等通用和特殊元器件的漏装、错装、参数值偏差、焊点连焊、线路板开/短路等故障，并将故障是哪个元器件或开/短路位于哪个点准确告诉用户。

功能测试可以测试被测单元是否能够实现设计目标，它将线路板上的被测单元作为一个功能体，对其提供输入信号，按照功能体的设计要求检测输出信号。这种测试是为了确保线路板按照设计要求正常工作。所以简单的功能测试方法是将组装好的某电子设备上的专用线路板连接到该设备的适当电路上，然后加电压，如果设备正常工作，就表明线路板合格。

系统集成测试是将不同的系统组件、模块或服务集成在一起进行测试，确保其能够协同工作并满足预期的要求。因为一些模块虽然能够单独地正常工作，但不能保证组合在一起也能正常工作，通过验证各模块之间的互动才能检测接口等缺陷。

本教材只涉及电子电路硬件测试的功能测试技术，其对测试人员的基本要求有：①能够熟练使用测量仪器和测试设备，掌握正确的测试方法；②具备一定的调整和测试电子电路的技能；③能够运用电子电路的基础理论分析处理测试数据、排除调试中的故障。

9.1.2 测试准备

以项目C为例，需要进行以下测试准备。

1）确定测试点

根据待调电路的工作原理拟定调试步骤和测量方法，确定测试点，并在图纸上和板子上标出位置，制作调试数据记录表格等。例如在项目C的电路测试中，需明确测试的5个点，如图9-1所示。

图9-1 测试点位

2）搭设调试工作台

工作台配备所需的调试仪器，仪器的摆设应以操作方便、便于观察为准。特别提示：在制作和调试时，一定要把工作台布置得干净、整洁。

3）选择测量仪表

对于硬件电路测试，应根据被调电路选择测量仪表，测量仪表的精度应优于被测系统；对于软件调试，应配备电脑和开发装置。

4）明确调试顺序

电子电路的调试顺序一般按信号流向进行，例如从函数信号发生器开始，经过直流稳压电源和被测电路，在示波器上显示输出，如图9-2所示。

5）总体观察

(1) 观察被测电路：芯片的安装方向是否正确；极性元器件（比如电解电容、钽电容、LED、二极管等器件）引脚是否连接正确，有无接错、漏接和互碰等情况；布线是否有缺线、断线和虚焊的情况；电阻电容有无烧焦和炸裂等。

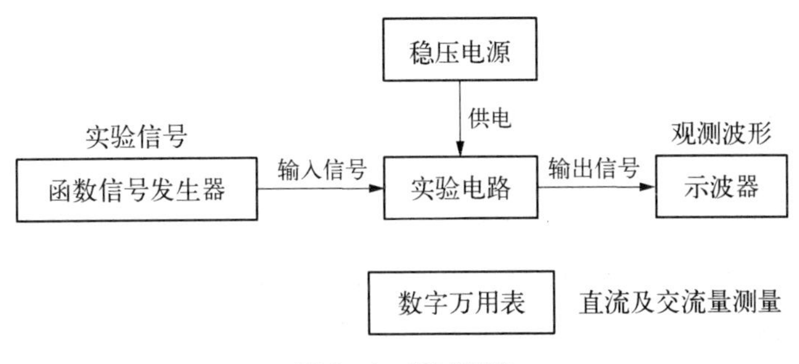

图 9-2　调试顺序

元器件连线是否正确，需要按照电路图进行检查，可以使用万用表中的短路挡进行测试，如果蜂鸣器响了，说明线路是通的。

（2）检查仪器：使用是否正确；注意仪器需要共地。

（3）检查电源：电压的等级和极性是否符合要求；如果电源电压不正常，极易烧毁电路的芯片等器件。

（4）仪器测试线端与被测电路上测试点是否连接完好。

9.1.3　测试操作

做好前面的准备工作之后，按下列步骤开始上电进行测试。

（1）上电测试：将电源接入被测电路，通电之后先观察有无异常情况，如有无冒烟和异常气味，芯片是否发烫等。如果有异常情况，应立即断开电源，故障排除后才能再次上电测试。

（2）静态测试：是指在不加输入信号，或只加固定的电平信号的条件下所进行的直流测试，可用万用表测出电路中各点的电位，通过与理论估算值比较，结合电路原理的分析，判断电路直流工作状态是否正常，及时发现电路中已损坏或处于临界工作状态的元器件。通过更换器件或调整电路参数，使电路直流工作状态符合设计要求。

（3）动态测试：在电路的输入端加入合适的信号，按信号的流向，顺序检测各测试点的输出信号，若发现不正常现象，应分析其原因，并排除故障，再进行调试，直到满足要求。

9.1.4　数据记录

在测试过程中，要认真观察和分析实验现象，做好记录，以确保实验数据的完整可靠。记录的内容包括实验条件，观察的现象，测量的数据、波形和相位关系等。只有大量可靠的实验记录与理论结果相比较，才能发现电路设计的问题，从而完善设计方案。

9.2 误差分析与数据处理

测试结果是否正确，很大程度上受测量是否正确和测量精度高低的影响。为了保证测试的效果，必须减小测量误差，提高测量精度。

如果记录的数据与理论结果相比较差距过大，这可能是发生了错误，而不是误差，这时要返回查找发生错误的原因。一般诊断过程是从故障现象做出分析判断再逐步找出问题所在。排除故障之后再进行误差分析和数据处理。

作为一个工程技术人员应能正确分析误差的来源，并能采取措施减小误差，使测试结果更加准确。误差的来源有仪器误差、使用误差和人身误差等。减小误差的措施有：

(1) 读取测量数据时，尽量多次重复测量，在仪器读数不固定的情况下多次测量后，通过求算术平均值的方法确定实验结果。如果个别数据与其他重复测量的数据差异较大，应舍弃。

(2) 读取测量数据绘制曲线，在曲线变化大的地方要多取数据，在曲线变化缓慢的地方要少取数据。

9.3 报告撰写

实习内容完成之后，学生先进行自测，然后与老师一起进行电子测试，进行技术交流和提问解答，最后完成实习报告并提交指导教师。

报告须采用标准化格式，包括封面、实习目的、实验设备(元器件等)、实验原理、实验过程记录、结果及分析、自评等，格式可参见附录。

附录

实习报告格式

****** 大学 ******学院

《******》实习报告

专　　业 ____________

学生姓名 ____________

学　　号 ____________

年　　级 ____________

指导教师 ____________

成　　绩 ____________

教师签字 ____________

一、实习目的

1. ******。
2. ******。

二、实验设备

1. 列出本次实习中使用的设备及其关键参数和操作要点，并写出注意项。
2. 列出本次实习中使用的工具及耗材，并说明其作用。

三、实验原理

罗列所需知识点。

四、实验过程记录

1. 计算和元器件选型。
2. 电路仿真图。
3. 电路的原理图和印刷电路板图(PCB)。

五、结果及分析

1. 焊接结构合理、外形美观、焊点圆润(附图片)。
2. 使用示波器、可调电源、信号发生器等设备对所焊电路进行测试，记录各设备的数据和测量图形。
3. 对所焊电路和测试结果进行分析和总结。

六、自评

参考文献

[1] 邱关源,罗先觉. 电路(第5版)[M]. 北京:高等教育出版社,2006.

[2] 康华光. 电子技术基础.数字部分[M].4版. 北京:高等教育出版社,2011.

[3] 康华光. 电子技术基础. 模拟部分[M]. 4版. 北京:高等教育出版社,2012.

[4] 孔凡才,周良权. 电子技术综合应用创新实训教程[M]. 北京:高等教育出版社,2008.

[5] 王怀平,管小明,冯林,等. 电工电子实训教程[M]. 北京:电子工业出版社,2011.

[6] 党宏社. 电路、电子技术实验与电子实训[M]. 2版. 北京:电子工业出版社,2012.

[7] 吴汉清. 玩转Arduino电子制作[M]. 北京:机械工业出版社,2016.

[8] 周春阳. 电子工艺实习[M]. 北京:北京大学出版社,2006.